地域価値を上げる都市開発

東京のイノベーション

元森ビル副社長
山本 和彦 著

学芸出版社

これらの大規模開発がさらに時代の変化に対応して、
そこから世界を動かす人材・企業が育つことを期待したい。

日本は早く質の高いものを完成させ、
それで満足し新時代に対応できずガラパゴスと言われてきた。

今後はその轍を踏まないでもらいたい。

はじめに

２０２０年、東京ではオリンピック・パラリンピックを迎えることとなっていた。しかしながら、新型コロナウィルスの世界的な感染拡大により延期された。世界中で人と生活が大きく変わろうとしている。それでも、東京都心部では大規模再開発が花盛りである。

１９９０年代のバブル崩壊後の日本経済をどのように考えたらよいのであろうか。アベノミクスに基づいた超金融緩和が続いたにもかかわらず、企業の設備投資に大きな伸びはなかったようだ。ところが、大都市都心部に限っては大量の投資が行われている。アベノミクス成長戦略の数少ない成果だと言えよう。しかも、大規模オフィスビルが続々と建てられているにもかかわらず、入居者は多く、空室率はゼロに近づいている。東京一極集中が続き、働き方改革の成果か、人手不足への対応もあり、入居者は快適なオフィスで効率の高い仕事ができるようになっている。複合の商業施設や文化施設等も様々な工夫を凝らし、魅力的なものが増えている。インバウンドの観光客の流入にも大いに貢献していることであろう。

バブル崩壊後、不動産開発が停滞しているなか、このような大規模開発を最初に進めたのは２００２年に竣工した三菱地所の「丸ビル」の再開発であり、２００３年に竣工した「六本木ヒルズ」の再開発であろう。まさに「失われた20年」のど真ん中にオープンし、大きな話題となり成功した事業と思われる。このような大規模開発が民間の力で進んだことが行政を動かし、政府は国土政策を大転換することになった。それまでの政府の方針は、戦後一貫して「国土の均衡ある発展」を旗印に地方への投資を優先していたが、バブル崩壊を克服するための成長戦略として「都市再生」を位置づけ、都市部への投資に切り替えたのである。それを実現するための方策として、

２００２年に「都市再生特別措置法」が制定され、政府は積極的に規制緩和を進めた。５年の時限立法であったが、次々に延長され、その後も現在に至るまで規制緩和が進んでいる。加えて、超金融緩和も続き、このようなブームになったと思われる。

その成功モデルが六本木ヒルズと言ってもよいだろう。不動産業界として何をすればよいのか、先のわからない暗闇の時代に、森ビルは無謀な巨大プロジェクトだと言われた六本木ヒルズを実現させた。その森ビルの軌跡を描くことは、都市開発事業がブーム化しているこの時代背景を考えると、意味あることのように思われる。

私は第１次オイルショック直後の１９７４年に森ビルに入社した。たまたま運よく森泰吉郎氏[注1]（当時：社長）、森稔氏[注2]（当時：専務）の傍らで、直かに教育、指導、指示を受けながら国内の森ビルの主なプロジェクトに関わることができた。そして、プロジェクトという限られた面ではあるが、直接関わった当事者として、このユニークな会社が取り組んだ数々のプロジェクトの軌跡を綴ることは、私の役目なのではないかと考えるようになった。ちょうど大病を患ったこともあり、この機会に筆を執った次第である。

森泰吉郎氏・稔氏親子は、自分たちが耕してきた独特な企業文化の土壌のもと、当初から開発敷地だけでなく周辺の地域価値の向上を意識していた。そのために他者との共同建築を厭わず、時代を担う企業のための事務所ビルを最大限の効率化を図りつつ建て続けた。社員には徹底した理念教育を行い、創意工夫に努め、時代の変化にも的確に対応した。度重なる経済危機に対しても、建築家、行政、事業者等と積極的なコラボレーションを行い、何らかのイノベーションを実現することで乗り越えてきた。そのうえでビジネスとしての成長を続けることができたと言える。その開発プロジェクトの姿、プロセスを時系列的に並べてみた。

注1　森《もり》泰吉郎《たいきちろう》
１９０４年〜１９９３年。森ビル株式会社代表取締役社長。東京商科大学（現：一橋大学）卒、京都高等蚕糸学校教授、横浜市立大学教授、同大学の商学部長を歴任。実家の米屋が賃貸していた貸家の土地をまとめ、第2森ビル、第1森ビルを建てる。54歳で大学を退職後、森ビル株式会社を創業し、社長に就任。

注2　森《もり》稔《みのる》
１９３４年〜２０１２年。森泰吉郎の次男であり、森ビル株式会社代表取締役社長、同会長などを歴任した。東京大学教育学部卒業、59年森ビル設立と同時に取締役。64年常務、69年専務、87年森ビル開発社長、93年社長に就任、２０１１年会長に就任。

高度成長時代に開発した超効率的な事務所ビルであるナンバービル[注3]、そしてオイルショック後の安定成長に対応したナンバービルの改革。さらには、日本初の民間大規模再開発アークヒルズへの挑戦。こうして、森ビルは本格的に街づくりに取り組むことになった。それが事業的に大成功し、ヒルズシリーズの開発に邁進するが、バブル崩壊に遭遇する。他社がバブルの後始末をしているなか、粛々と事業を進め、「失われた20年」のど真ん中に愛宕グリーンヒルズ、元麻布ヒルズ、六本木ヒルズを完成させた。その後、表参道ヒルズ、虎ノ門ヒルズ、ＧＩＮＺＡ ＳＩＸ等の開発を、リーマン・ショックを挟みながらも展開してきた。激しい時代の変化に対応してきた森ビルのユニークな開発の考え方、その取り組み方、事業のプロセス、そこから学んだことを書き連ねていきたい。

自宅療養中で資料の少ないなか、私の記憶に残っている事柄をベースに書いたので、事実と異なること、不適切な表現も多々あるかと思う。研究者でない当事者が自ら書いていることでお許し願えればありがたい。また、私の師であり、敬愛するボスであった森稔氏の著書『ヒルズ　挑戦する都市』（２００９年・朝日新聞出版）をぜひ併読していただきたい。彼の街づくりに対する熱い気持ち、強い意志、豊かな構想力がなければ、これらのプロジェクトの多くは企画もされず成就することもなかったことは明らかである。彼に仕えた人間としての個人的な思いはできるだけ排除して、淡々と書きたいと思う。そこから、森稔氏の強い意志のもとで森ビルが様々な不動産開発のイノベーションを果たしてきたことが読み取られることを願っている。

最後の第10章は、現在の大規模開発ブームをどう考えたらよいのか、東京都心の開発を引退してから7年、少しは客観的に見られる立場になったと思い、極めて個人的ではあるが、私の考えを述べたものである。順調に大規模開発プロジェクトが進めば、東京は間違いなく外観上は「世界一の

注3　ナンバービル
森ビルは、新橋・虎ノ門地区でビルを建設するとビルに順次ナンバー付与し、遠くからでも見えるように表示した。多くのビルが集積しているのが一目でわかり、ナンバービルと呼ばれるようになった。また高さ規制のなかで可能な限りビルの天井高を抑えたり、貸室面積を少しでも増加するためビルの形状に関しても工夫をこらし、公益的な団体でも借りやすい坪単価で貸しビルを提供してきた。

オフィス都市」と言われるようになるであろう。しかしながら、中身もそうなるかについて私は不安を感じている。今回、執筆をしながら痛切に感じたことは、次のことである。昭和は工場の時代であった。国中に工場が建てられ、そこから世界を動かすような企業が数多く生まれてきた。それに対して、平成は事務所の時代であった。何度か厳しいときもあったが、森ビルのビジネスが成功した一つの要因でもあろう。その後、東京には、汐留をはじめとして質の高いオフィスビルが大量に建てられた。しかし、残念ながらそこから世界を動かすような企業が生まれていないのではないか。内実とも世界一のオフィス都市に、ビジネス都市になれるのか、現時点での私の考えたことを整理してみたものである。参考にしてもらいたいし、ご意見、ご批判をお願いしたい。

目次

10 東京は世界一のオフィス都市になりうるか

1

森ビルの企業文化と超効率ナンバービルの開発

西新橋 2 森ビル※

1　共通理念とイノベーション

オイルショックの翌年、１９７４年に森ビル関係者から、当時東急系のシンクタンクにいた私に声がかかった。オイルショックで会社をたたむので、東急電鉄に入るように言われていたが、森ビルのやっていることには興味があった。大学を卒業して住宅公団（現：都市再生機構）に２年弱勤め、コンサルタントに３年勤めた私にとって、森ビルが虎ノ門地区で独特なビルを次々に建て、今は赤坂・六本木地区で再開発事業に挑戦しているという話を聞いて興味が湧いたのである。

まず建設省（現：国土交通省）の友人に意見を聞いたところ、素晴らしいチャレンジだが、地元の反対が強くて実現できないのではないかという意見が多かったとのことであった。そこで、森稔氏（当時：専務）の友人であり建設省から茨城県に出向していた蓑原敬氏[注1]を県庁に訪ねた。社長と専務との仲は必ずしも良くないようだが、稔さんは才能があり、面白い人だから2、3年付き合うのもいいんじゃないかというアドバイスであった。

一応、森親子に会う価値があると考え、当時の本社があった虎ノ門17森ビル（現在の虎ノ門ヒルズに位置する）を訪ねた。虎ノ門17森ビルは、容積制に変更された後に建てられたため、高さ制限がなくなり[注2]、17階建てで、建物は愛宕下通りからセットバックしていた。玄関ホールに入った私は驚いた。高さ制限がないのに天井高は31mの高さ制限の時代と同じような低さだったからである。エレベーターで12階に向かうと、降りた所に直接役員受付があった。そこには若くて屈強な男性がいて、秘書として社長応接室に案内してくれた。派手な置物はなく、質素で機能的な部屋であった。

泰吉郎社長、稔専務の再開発に対する熱意は本物だと感じた。また、質実剛健で節約を旨とする社風、オイルショック後の財務内容も堅実のように見受けられた。ただ、モノをつくるときのデザ

※の写真は森ビル提供（以下同）

注１　蓑原《みのはら》 敬《けい》
１９３３年生まれ。蓑原計画事務所主宰。都市プランナー。建設省入省後、茨城県の住宅課長、都市計画課長として現場を経験。建設省住宅局住宅建設課長で退官。１９８９年簑原計画事務所を設立。長年の功績により日本都市計画学会石川賞受賞。

注２　高さ規制と容積規制
１９６３年までビルの高さは31ｍに制限されていたが、それ以降は敷地面積に対する容積制に変更された。

インセンスについて不安になったのは事実であった。

帰りにもう一度、すでに再開発に着手していたアークヒルズ（第3章にて後述）の現場を見たが、反対派の看板やチラシが建物に貼ってあって、反対の勢いを強く感じた。ただ、あの親子ならこの反対を乗り越えられるのではないかという希望も浮かんできた。私の人生の目標はデベロップメントのプロデューサーになることであった。この会社ならその可能性が開かれるかもしれないと感じた。

森泰吉郎氏の理念教育

晴れて森ビルに入社し、最初に驚いたのは朝礼であった。挨拶だけでなく、泰吉郎氏（当時：社長）が自らつくった17箇条の理念を順番に読み上げる。松下電器がそのようなことをしているのは聞いていたが、現実のこととなると少しドギマギした。内容にはなるほどと思うことも多いので不満はないが、わざわざ唱和しないと徹底できないのかと疑問を感じたのも事実である。加えて、当時、土曜日は「半ドン」といって、午後は休みで午前中のみ仕事だったが、その時間を使って理念教育を行っていた。17箇条の理念、仕事上の問題点・課題のレビューであった。社長自ら出席する緊張感のある大会議であった。

そのときにはわからなかったが、のちにその重要性が徐々に理解できるようになった。当時の森ビルは新卒者の一括採用開始から2年くらいしか経っていなかった。先輩たちは中途採用者が中心で、個々の流儀の仕事は森ビルの仕事の考え方、仕方には必ずしも合致していなかった。泰吉郎氏としては、中途採用の人だけでは社長の経営方針が浸透しないと考えたのだと思う。新卒者を採用して自分の人生論・経営論を教育すべきだと考えたのであろう。

初めて港区役所にヒヤリングに行ったとき、私は結論だけを話そうとしたが、中途採用の大先輩は一字一句やり取りを確認しながら進めており、その姿勢に面食らったことがあった。たぶん、トップから同じような詰問にさらされていたのであろう。皆がトップに信頼されるためには、会社の理念を理解することから始めるべきであることを学んだ。

「まず、創意・工夫に努め社会に役立つ仕事をしよう。社会に評価されれば、利潤は後から付いてくる」

「研究、仕事、生活は三位一体と考えるべき、お互いにお互いを刺激し合い、人間として成長すべき」

「職場は一生をかける場である。楽しい所にしないといけない。苦しい仕事も生きがいに通じれば、楽しくなる。経営者はその環境を整え、社員はそれに呼応することにより可能になる」

「人間の生活は、まず先人に育てられ、続いて後人を育てる無限の連続である」

「組織の歯車でなく、それを動かすシステムを理解して目標達成に力を出さないと意味がない」

「座すべき席が自分に合わなかったら、その席を自己に適するように変えるべきである。現在のしきたりを尊重しつつ、その発展改善に努力しないといけない」

「最大の支えは技術である。高度な科学知識、合理的計算に基づいた総合力をもち関係者と折衝する力が森ビルの技術力になる」

これらの言葉は懐かしく思い出され、今となってみると自分にとっても役立っていると感じる。

私は工学部の建築学科卒業で、経済学の知識は本当に貧しかった。卒業前に学生運動が盛んになり、少しはマルクスを齧ってみたが、正直言ってわからなかった。アダム・スミスの「神の見えざる手」には魅力を感じたが、分厚い本を手に取ることはなかった。オイルショックで不況になり、ケインズ型の公共投資への積極派が力を増していたが、国がどんどん借金してよいのかと疑問を感

注3　入江三宅設計事務所
1947年設立。57年、三宅晋氏が所長を務め、55年設立の森ビルの前身である森不動産の時代から設計を担当し続ける。

じていた。また、経済という生き物を計画経済で人間がコントロールするのは不自然だとも考えていた。そこに少し光明が見えたのは、泰吉郎氏からシュンペーターという名を聞いたときであった。経済成長を起こすのはイノベーションだと言っている経済学の巨人の1人であった。その後深く勉強することはなかったが、頭には残っている。

森稔氏の超効率共同建築

森稔氏（当時：専務）にまず驚かされたのは設計の打ち合わせの長さであった。設計委員会という設計会社との打ち合わせを朝から夕方まで続けて行っていた。意匠構造は入江三宅設計事務所[注3]の三宅晋氏（当時：所長）、設備設計は建築設備設計研究所[注4]の代表である犬塚智也氏の両者が出ずっぱりである。それも、設計者の話を聞くよりも自分のアイデアが実現できるのかどうかの質問が主であった。しかもこれがだめならこちらはできないのかと次々に質問を重ねていく。外観のような大きな話だけではない。有効率[注5]を最大化するために、コア（エレベーターや階段スペース）をできるだけ中央部に配置している。加えて建物平面を片面3スパン（区分）にし、他方の辺も3スパンにして九つのブロックで平面を構成しながら、中央の1ブロックにコアを収めることを理想としていた（図1）。これによりワンフロア内、90％の有効率を確保するというものであった。通常は80％を超えれば上出来のところをこの高い数値を目標にしていた。そのため、トイレの数、配置、向き、パイプスペースまで考慮されていた。

次にこだわったのは、階高であった。森ビルがビルを建て始めた1950年代は、商業地区であれば建蔽率100％で、高さは31m以下であれば階数の制限はなかった。もちろん天井高は最

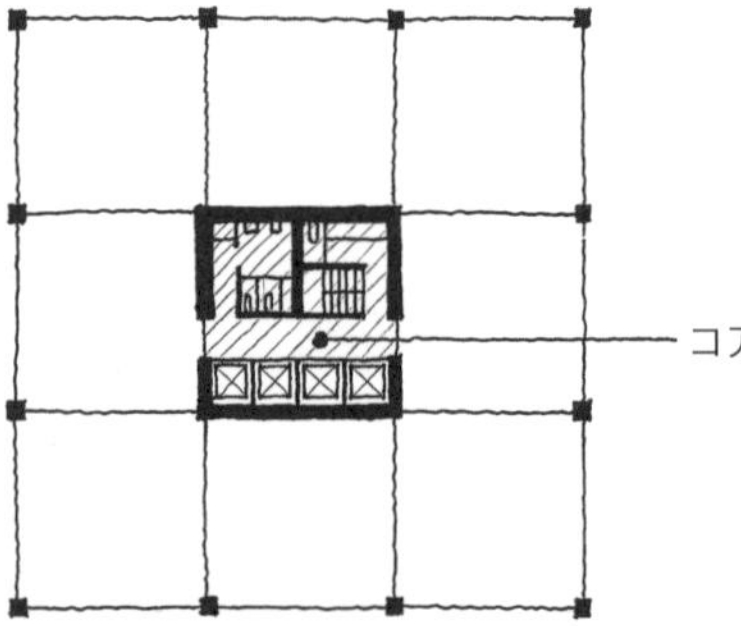

図1　超効率ビルの平面イメージ　9個のブロックに分けた真ん中を、エレベーター、階段、トイレなどのコアブロックにする

注4　建築設備設計研究所
1958年創立。70年、第25森ビル（25階建て：森ビル初の超高層ビル：現在、アークヒルズサウスタワーに位置する）のエアバランスユニット方式などで特許を取るなど森ビルの設備設計を一緒に考案してきた。

注5　有効率
オフィスビル等における、建物延床面積に対する実際の利用可能専有床面積の割合。

低でも2・1m必要だったが、椅子に座るオフィスでは低すぎるため最小限に抑える必要があった。通常、高さ31mのビルではディグニティ（威風）の高いビルで7層、普通のビルで8層が標準であった。それを9層、10層、究極には11層にチャレンジした（図2右）。そのために、まず均等スパンにして構造上のバランスを良くして耐震性能を高め、かつ梁《はり》成《せい》を小さくすること、さらにウォールガーターという窓の腰部分で地震の横力を支え、ついでにその中にペリメーターという空調器をセットし、その上に横引きダクトを回すことでそのスペースも節約した（図2左）。縦ダクトは柱に沿わせ、かつリターンは外階段を使っている。階高が下がるとその分大きく建築コストが下がる。この発想はオフィスビルのコスト・効率に究極のイノベーションを起こしたと思われる。

もう一つのオフィスのイノベーションが共同建築[注6]であろう。1950年代後半でも新橋、虎ノ門地区では、まだ金物や材木等の商店なり、しもた屋（店舗併設住宅）が建ち並んでいた。それらが一掃され、事務所ビルの建設が始まりつつあった。ただ霞が関、日比谷、丸の内地区のように大きな敷地は少なく、間口の狭い敷地に単独でビルを建てていた。森親子は敷地をまとめ一つの街区にして、それが連続したら丸の内のようなステータスのあるビル街になるとの確信があったのであろう。区分所有法のない時に共同ビルにチャレンジしたのである。東京大学を卒業したばかりの稔氏が隣地の人々を次々に口説きに廻ったようだ。誰も相手にしていない裏地のしもた屋に対し、表の土地と一体になればどちらの土地も表地になり、価値の高いビルが建てられると話したようだ。区分所有法が制定されたのは、63年、虎ノ門8森ビルが完成した年のことであった。

私が入社した74年には、最初のビル建設から20年近く経っており、30番台のビルを建て

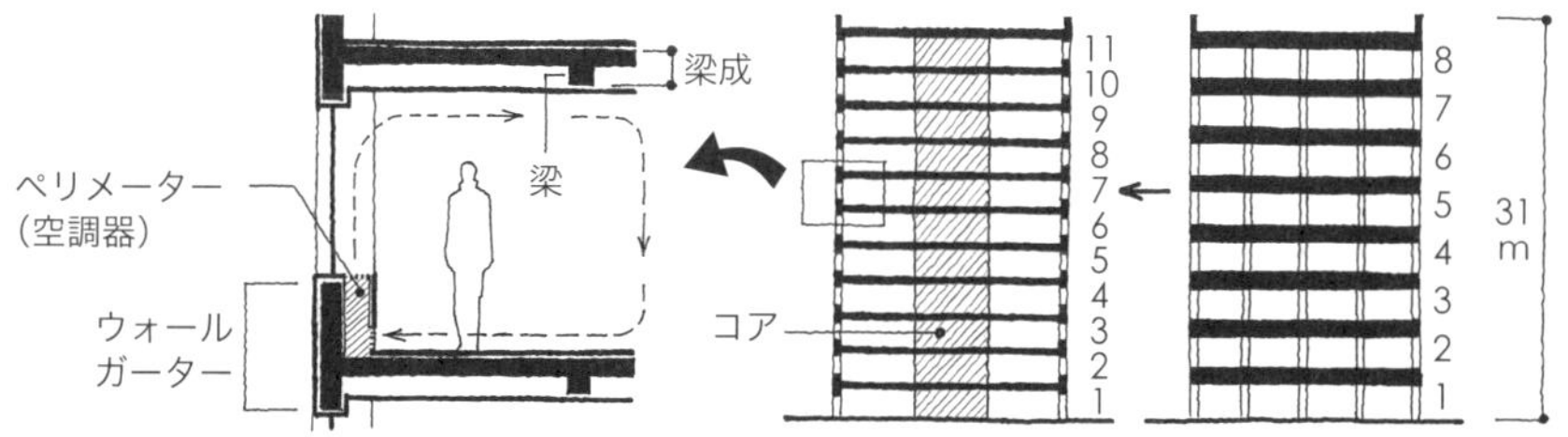

図2 超効率ビルの断面イメージ　31mを8層ではなく11層にする当時の森ビル建築。左の部分の断面に示すように、ウォールガーター（薄い梁）を窓側下部に上下階をまたぐ形で設置していた

ている頃だった。ある時、これだけ都心にビルばかり建てていては批判されるのではないですかと稔氏に聞くと、次のように言われた。ビルは都心とその周辺に集中し、住宅は郊外に放射状に広がったほうが経済合理性が高く、どの人もオフィスに公平に通えるようになる。郊外に放射状に事務所があり、人が放射状の正反対方向に住んでいたら悲劇でないか。そうなると環状線上にも数多くの鉄道や道路がいるだろうと。あるべき論より、長い目で見れば経済合理性のほうに流れる。その流れを見分けることを教えられた。

森泰吉郎氏は、新入社員の教育として簿記にも力を入れていた。宅地建物取引主任の取得は当然だと考えるが、簿記を全員に勉強させるとは思わなかった。不動産取引をするので税務は勉強したが、ＢＳ／ＰＬ（貸借対照表・損益計算表）は帳簿をつくるために経理部門が勉強するものと考え、本格的に勉強しなかった。ＰＬについてはプロジェクトの利益率に直結するため強く言われていたが、ＢＳについてはあまり言われた記憶がない。地価が右肩上がりでＢＳの心配は少なかったのだろう。ある面で幸せな時代だった。不動産開発業者は資金調達が重要で、皆苦労していたのだろう。土地は自己資金で買ったこともあると思うが、有効率がとても高く、経済合理性の高い建物を開発したので、建設協力金[注7]でお釣りが出たこともあったようだ。戦後の緊縮財政の頃には、不要不急の産業には銀行はお金を貸さなかった。そのため三菱地所をはじめとして建設協力金がビル建設において慣用化していた。また賃貸事業なのである程度回りだすと、毎年の賃料増加は見通しが付いた。地価は右肩上がりの時代で、元本の返済は求められなかった。だから賃貸料の増加分だけで金利が払える。その分、開発資金を借り入れできたようだった。

注6　共同建築
区分所有法が施行されたのは１９６３年だった。森ビルが共同建築を始めた頃には法律では建物を区分して所有する方法がなく、土地・建物の共同所有者として事業を進めていた。

注7　建設協力金
当時、建物を借りる人が、入居時に建設協力金の名目で相当額の資金を支払った。現在の礼金につながる。当時は、ビル供給が少なく、需要が旺盛だったので建設協力金で建築費がまかなえたビルもあった。

森章氏のリゾート開発とそのイノベーション

そのような事業の進め方を心配したのが、1972年に安田信託銀行から森ビルに入社した三男の森章氏[注8]（当時：常務、現在：森トラスト会長[注9]）であった。常務室へ行くと、いつも帳簿を見ていた。私が数字を見ても、それだけでは次々にイメージは湧いてこない。常務はそれができるのであろう。様々なシミュレーションができるので、数字を読んでいることが楽しいようだった。

その発想からリゾート開発の画期的なビジネスモデルをつくり上げていった。高度成長当時、リゾート開発は別荘分譲が定番であった。別荘ブームが起こり、販売開始日には前の日から徹夜で並ぶ人々も現れた。各大手企業は、税制上の恩典を使ったり、健康保険組合を使って、従業員のために有名観光地に旅館並みの保養所を競って建設した。当初は従業員とその家族は安く使えるので喜んだが、リゾート地に行っても会社での人間関係を感じ、窮屈さを感じるようになったようだ。施設も温泉とテニスコートくらいしかなく、結局、娯楽は麻雀とカラオケに頼るようであった。森章氏はオイルショックでの経済激変を捉えたのだろう。まるっきり新しいリゾート開発のあり方を生み出した。企業会員制リゾートシステムの「ラフォーレ倶楽部」（修善寺、那須等）である。

企業側もオイルショック後には保養所の維持管理に悩みがあった。この施設を共用化すれば、アクティビティ施設も充実することができる。当時はゴルフの大衆化が始まった頃で、ゴルフ場が付属するラフォーレ倶楽部は大変な人気となった。これを企業に共有分譲するのであれば、それほどユニークとは言えない。ラフォーレ倶楽部では、企業から利用権を預託してもらい、それで建設資金を生み出したのである。合理的な計画と数字のシミュレーションが生み出したイノベーションであった。

注8　森《もり》章《あきら》
1936年生まれ。森トラスト・ホールディングス会長。森ビル創業者である森泰吉郎の三男。安田信託銀行から森ビルに入り、常務取締役時代にラフォーレ倶楽部を創設。

注9　森トラスト
森トラスト株式会社は、森ビル開発株式会社から社名変更されたものである。当初は、森ビルグループとして発足したが、1999年に完全な独立会社となっている。2章注8参照。

2　私の最初の仕事

立地調査

私が最初に森泰吉郎氏（当時：社長）から指示を受けた仕事は、港区全域の現地調査であった。開発敷地の現地調査ではない。港区全域の徒歩による現地調査である。これによって、開発敷地とその周辺だけでなく、港区全域を体感したうえで開発敷地を見ることができるようになった。私は東京生まれ、東京育ちであったが、港区と縁は少なかった。生活は目黒区か杉並区で、学校は杉並区と新宿区、浪人のときは千代田区であった。港区に足を踏み入れたのは悪ガキぶって六本木をうろついたときぐらいであった。

港区の丘と谷が織りなす地形の表情は、大変刺激的であった。港区の資料によると、86もの名の付いた坂がある。「潮見坂」「江戸見坂」「新富士見坂」という風流な名前から、「芋洗坂」「狸坂」「狸穴坂」「鼠坂」というユニークな名前まである。森ビルにとっては新橋や虎ノ門という平らな土地から、赤坂や六本木のような丘と谷が入り組んでいる地区に開発区域を拡大するには、大変な決断が必要だったのではないだろうか。虎ノ門、新橋地区は、関東大震災の後、ほとんどが区画整理され、街路づくりはできている。共同建築等で一街区にまとめることが目標であった。

ところが、丘の上は区画整理はされておらず、道は江戸時代のままである。多くの坂の名前が残っているのは、これが一つの要因であろう。ともかくこうした地域で街路づくりから始めるのは、通常は公団が先に行う仕事である。それを待たず民間として本格的な街づくりに取り組む決意をしたのであろう。建築史家の藤森照信氏が、通常は拡大する開発地が海のほうに降りていくのに、森ビルは山に登るというユニークなやり方をしている、と語っていたことを記憶している。港区全域を歩いた結果、平らな土地は小さく区画整理されており、すでに土地は無くなりつつある。したがって、丘陵地の開発が増えると実感した。私は、この地形のどこを変更して、どこを残すのかが鍵を握っていると感じた。

次の仕事は、東京都心部のオフィスビル立地調査であった。皇居の周りは、丸の内、大手町、日比谷、永田町、霞が関等が整然としたオフィス街になっているが、それ以外は必ずしもそうとは言えない。そこで虎ノ門、新橋に代わる事務所向けの立地があるか研究しろという指示であった。赤坂見附、麹町、番町、九段、西神田、神田等が虎ノ門、新橋より優位性があるかの研究である。ブランドイメージはどの地区も高く、したがって容積率に対しての地価はどの地区も高かった。またすでに鉛筆ビル化[注10]がかなり進んでいて、土地をまとめるのは虎ノ門、新橋よりも手間がかかりそうである。一番困難なのは地域住民の意識が高いことである。また、番町、麹町は日本の住宅街の最高ブランドと見られているし、神田は江戸っ子の本拠と考えられている。虎ノ門、新橋は、彼らから見れば下町の田舎者である。我々が行っても相手にされないだろうと考えた。反対に虎ノ門、新橋は霞が関の隣に位置し、かつ地価が安く、戦後の焼け跡に入ってきた人が多いためこだわりも少ない。たぶん相対的には土地をまとめやすいに違いないと判断した。そこで、うまくまとめられれば他の地区を凌ぐオフィス街になりうるとリポートした。「社長、虎ノ門、新橋地区を選んだのは正解です」と、偉そうなことを言ったのを覚えている。

注10　鉛筆ビル
間口が狭く奥行きが長い昔からの狭い敷地に建てられた中高層建築の俗称。

地権者交渉

調査研究で私の能力はわかったのであろう。次は、地権者交渉をすることになった。最初の交渉は、5階建ての職住併設の「仙石山アネックス」（78年竣工）という小さなビルづくりのための地権者交渉であった。小さなビルとは言え、そのミッションは重要で、簡単な話ではなかった。まず、建築基準法の改正時期に当たっていた。期限を過ぎると今と違って、規制が強化されることになっていた。それまで住居専用地区の容積は前面道路の幅員の0・6倍[注11]だったのが、0・4倍になってしまう。しかも、期限に間に合わせるために一部を着工していたが、間に合わないとその分も減らされてしまう。最後に残った2人の地権者を、何が何でも期限内に口説かなければならなかった。もう一つの大事なミッションが、このビルの北側に、近い将来超高層ビル（城山ヒルズ）を建てる計画があり、仙石山の住宅地との緩衝材の役目を持たせることだった。仙石山は、新橋の商人にとって、成功したらそこに住宅を建てることがステータスと認識されている高級住宅地であった。

泰吉郎氏は、私に森ビルOBのベテラン不動産仲介業者を付けてくれた。行政交渉はよくやったが権利者交渉は初めてのことであった。そのOBは、一寸先も読めなかった私をよく指導してくれた。私も知ったかぶりをせず、素直に教えをお願いした。それで、信頼を得たのであろう。それから長い間、一緒に地権者交渉に関わることになった。

期限に間に合えば、お互いに高い容積率の共同建築が実現できると、2人で硬軟織り交ぜて必死に口説いた。途中、私が失礼なことをしたのだと思う、相手を怒らせたこともあったが、うまく仲介者がとりなしてくれた。期限がある交渉は真剣になる。相手にその真剣さが伝わったのであろう。理解してくれて、期限に間に合わせることができた。その後もこの地権者は私に対して心遣いをしてくれた。

もう一つのミッションである城山ヒルズ[注12]を担当し、それが完成したとき、仙石山アネックスの周囲を歩いてみた城山ヒルズの超高層タワーは仙石山アネックスの北側にあり、この5階建ての建物が目線に入ることもあって威圧感はなかった。城山ヒルズの建設時にも、仙石山住宅地からの反対

注11　前面道路幅員と容積
道路幅員に対して係数をかけたものが容積になる。道路幅員が4m場合には、4m×0・6＝240％となる。

注12　城山ヒルズ
森トラストへの移管にともない城山ガーデンに改称。仙石山アネックスと城山ヒルズの位置関係は「付図3」参照。城山ヒルズについては4章参照。

仙石山アネックス※

はほとんど起こらなかった。

貴重な土地なので、与えられた容積は目一杯使わないといけないと考えていた。検討を続けたがどうしても当該ビルでは容積が使いきれないことがわかった。すると、設計を担当している入江三宅設計事務所の加藤吉人氏が、容積が使いきれないのであれば、その分を敷地の隣で計画を予定している城山ヒルズの敷地に残しておけばよいというアイデアを出してくれた。異なった視点からの発想の重要性を学んだ。

次に担当したのは、ナンバービルの地権者交渉であった。当時の本社ビルだった虎ノ門17森ビルの西側の裏手の土地をまとめ、虎ノ門34森ビル[注13]（79年竣工）をスタートさせる時期に、残り2軒の権利者を担当することになったのである。最後に残っている権利者の交渉だけあって、非常に勉強になった。

裏側の街区に面している道路は8mと16mの二つだったが、16mの街路に面していなければ指定容積600％は活用できない。その道路に面している2人の兄弟との交渉が始まった。当時専務であった稔氏と逐次相談しながら、交渉を進めた。

ようやく交渉がまとまったので、森泰吉郎氏に了承を取りに社長室に行った。ところが決裁しない。「君は昭和恐慌を知っているか」と聞かれた。1927年に当時勢いのあった財閥、鈴木商店の銀行部門の取り付け騒ぎが起こって、恐慌になったことくらいは日本史で習った歴史知識として記憶にあったが、それ以上の話はできなかった。オイルショックの後で経済がさらに悪化し、昭和恐慌のようなことがあると森泰吉郎氏は恐れていた。交渉をやり直してこいと言われ、ひどい会社だと思いながら、条件の見直しを地権者に誠意をもって説明した。破談になることを覚悟していたが、不思議なことに理解を示してくれた。

注13　虎ノ門34森ビル
同ビルは、現在、虎ノ門ヒルズ森タワーの敷地に存在していた。途中、森トラストへの移管に伴い、名称を「虎ノ門34MTビル」と称していたが、虎ノ門ヒルズの建設の際に取り壊された。

共同建築の条件に物差しはない。地権者にとっては何がギリギリの条件かはわからない。下げたことでそれがギリギリだと考えてくれたのかもしれない。若造の私が真剣に話をするので、情が移ったのかもしれない。論理的な思考をする地権者なので、共同建築はウィンウィンの関係でないと、長続きしないことがわかっていたのであろう。

どちらにしても、泰吉郎氏は私を試したのだろう。難しい指示を、やらないのか、諦めてしまうのか、それを見極めていたと思われる。この期待に何とか応えられたように思う。仕事をまとめるうえで、最初の関係者間の結び目づくりの重要性を知っていたことが大きかった。

もう1人の地権者は印刷屋さんであった。当時、事務所街の周りには印刷屋さんが多く立地していた。それが、コピー機の発達により無くなりつつあった。この印刷屋さんは上場企業等の有価証券報告書を印刷しており、商売は順調なようだった。最初はうまくいっているのでこのままでよいと言っていた。共同建築に参加すると仮設事務所が必要になるので難しい。時間がかかりそうだったが、さすがは経営者である。将来の発展を合理的に考えて、郊外の広い土地を購入して移転してくれた。

3　賃貸ビル会社として地位を築く

私が森ビルに入った1974年には、すでに30番台に入る貸しビルを保有していた。ホテルオークラの旧本館最上階のレストランから東の虎ノ門側を眺めると、つい順番を数えたくなるような存在感があった。三菱地所が手がけた丸の内や大手町には及ばないが充分に存在感のあるビル群で、貸しビル業としての地位を築いたと言える。

要因はいくつかあったと思うが、まずは日本の戦後の高度成長の大波に乗れたことが挙げられる。それまで、工場の片隅や店舗の2階を倉庫兼用で事務所にしているところが多かった。しかし時代は変わり、大学卒業者が多くなり、優秀な人を採用するには上質の事務所が求められるようになった。加えて取引先との関係も増え、事務所の需要は爆発的に増加した。何より新橋、虎ノ門地区は、先の調査で書いたように立地が最適だったのだろう。この地区は戦災で丸焼けになり、戦後に移住してきて商売をしている人が多いようだった。時代が変わったので、単独で貸しビルを建てる人は少なくなかったが、森ビルのように敷地を拡大して、次々とビルを建てる人は少なかった。3、4棟ビルを保有すれば、3、4世代以上食べていける。それで満足するのが普通だろう。

参入障壁があるわけではなかったが同じ立地で競争相手がいなかった。新しい土地を買ったり、共同建築などのための土地の手当てにコストはかかったが、一等地でなかったのでそれなりのコストで建設できたのだ。そのうえテナントが決まれば必要資金の一部が建設協力金で確保でき、残りを賃料で返していくという新しいビジネスモデルができた。そうすると銀行の与信も付いてきて、着実にビル建設を続けながら業容を拡大していった。その後、73年にオイルショックが起こり、不動産不況になったが、森ビルは虎ノ門での開発に専念しており、不要な土地を買い込んでいなかったため、その危機を乗り越えることができた。ナンバービルの収益化と足元の投資だけに専念し得たからこそ、アークヒルズの開発に着手することができたのである。

2

ナンバービルの改革

オイルショック後の安定成長に対応

ラフォーレ原宿※

1　ラフォーレ原宿　ファッションビルへの挑戦（1978年竣工）

苦肉の策が生んだデザイナーズブランド

新橋および虎ノ門でナンバービルを建設していた森ビルにとって転機となるラフォーレ原宿がオープンしたのは、1978年10月のことである。土地を購入したのは確か75年頃のことだったと思う。オイルショックの直後、優良敷地獲得の激しい競争のなか、森ビルがその土地を手に入れたのは敬服に値すると思う。そのときは建築基準法の変わり目であった。容積が用途過半から加重平均に変わり、容積700%が500%に下がるのである[注1]。この法律の施行前に確認申請を出さなければならない。大きなリスクがあるなかでの森稔氏（当時：専務）の決断力、それを認めた泰吉郎氏（当時：社長）の見識は注目に値する。森ビルにとって初めての大型複合再開発アークヒルズ（第3章にて後述）に取り組んでいるときで、商業施設の開発、運営の経験は欠かせないと考えたのであろう。

建築基準法改正の施行前に確認申請を出すには、二つの壁があった。森ビルにとって初めての商業施設の計画がまとめられるかが一つ。もう一つは近隣の理解が得られるかであった。敷地の隣の北西の地区は、2種住専[注2]の高級住宅地である。近隣の理解なしに確認申請は出しにくかった。まだ日影規制はない時代で、近隣紛争が増えつつあった時期であった。

計画については、まず老舗の百貨店に声をかけた。どこも異口同様

注1　異なる用途地域に属する敷地の容積率
従前の建築基準法では、敷地が異なる用途地域に属する場合、敷地の過半を占める用途地域の容積率が適用されたが、現在では属する用途地域の敷地面積に応じそれぞれの容積を加重平均する形で容積が決まる。

ラフォーレ原宿配置図（出典：国土地理院地図を元に作成）

に、新宿と渋谷の巨大デパート群に挟まれた原宿に百貨店は成立し得ないとの返事だった。そこで自ら計画をせざるを得なくなった。大阪万博で活躍した泉眞也氏[注3]を中心にプロジェクトチームを組成し、計画づくりを始めた。私も末席ながら、会議に参加することができた。

オイルショックが起きて、大量生産・大量消費からの時代の変わり目を相当意識していたと思う。大箱にするのでなく、売場部分をいくつかのブロックに分けることを目指した。大小の円を組み合わせて売場をつくってはどうかと、泉氏から提案された。内側と外側をめぐり、高低差を活かした様々な円形のスキップフロア[注4]で構成された売場づくり構想で、まとまりつつあった。

ところが、いよいよ計画案をまとめる最終段階で、稔氏から爆弾発言が飛び出した。「東京は雨も多く、寒暖差も大きい外部的環境に売場をつくるのは無理である。見直すべき」とのことだった。本人も元の案を了承していたので、君子豹変を目の当たりにした感があった。その決断に尊敬の念を覚えたので、鮮明に記憶に残っている。実現したラフォーレ原宿の大小の円形の姿は、もともとの内外の円の組み合わせの名残である。四角い商業施設が多いなかで、丸みのある柔らかな姿は、結果的にラフォーレ原宿のアイデンティティを表現することにもなり、成功だったと思う。

近隣は、昔からの町会、商店会とそこに関わらない高級住宅地の住民、新しく表参道に進出した店舗がつくったシャンゼリゼ会に分かれていた。ほとんどは通常のコミュニケーションで理解を得ることができたが、裏手の住宅地からの反対は強く、多くの時間と労力をかけざるを得なかった。最初は「絶対反対、商業施設は建てるな」であったが、そのうち「お互いに建てる権利はある、建物を小さくしろ」と、少しずつ妥協が始まった。

野党の都議会議員が間に入ったこともあって、最終的には迷惑料と協定書で話はまとまりかけた。こちらの提案を相手がほぼ飲んだことで、一件落着と考えていたら、当方の責任者がその条件では

注2　第2種住居専用地域　当時の用途地域の一つ。「中高層住宅にかかわる良好な土地の環境を保護」する用途地域（『建築の事典』（1990））。

注3　泉眞也《いずみしんや》　1930年東京都生まれ。環境デザイナー、プロデューサー。東京藝術大学美術学部工芸科卒。大阪万博、国際花と緑の博覧会に参画。

注4　スキップフロア　フロアの高さを半階分ずつずらすことで高低差を付けながら連続する層を構成し、上層階へと移動できるようにしたもの。実際の床面積よりも広く感じさせる効果がある。

飲めないと言い出した。後でわかったことであるが、「きちっと結び目をつくらないと、ほどける可能性がある。一度断って、相手からこれ以上は良い条件は出ないと観念してから、手を打つべきだ」とのことだった。近隣に確認申請の期限問題を気づかれることなく、間一髪で間に合い、申請を出すことができた。

　この交渉のとき、私はぺいぺいだったので言われたことを行う立場であったが、一つだけ良いことをしたと思っている。最後の段階で、裏側の住宅地に面した箇所に、裏口を設けるかどうかが争点になっていた。住民は、当然なくせと言う。当方にも、なくてもよいのではという声が出ていた。それに対して、私は反対し、オープン時間の制限で妥結した。

　ラフォーレ原宿がオープンしたら、街が変わる。特に原宿のような商店街は、表通りはもちろんだが裏通りも重要になる。その厚みが商業の力になる。必ず裏道にも徐々に店が出来るはずだ。私は、彼らの不動産活用にとっても、ひいては原宿にとっても裏口はいずれ価値を生むことになると考えたのである。結果は想定通りで、住宅地は完全に変わった。

　ラフォーレ原宿のマーチャンダイジング（店舗コンセプト）とテナントリーシング（店舗賃貸）を本格的に検討し始めたのは、工事に入ってからである。当時マーケティングの大家と言われていた奥住正道氏[注5]を中心に、検討が始まった。奥住氏は日本NCR出身で、最新のマーケティング理論を持っていると言われていた。その時点で、すでに渋谷パルコ（73年竣工）が人気を集めていて、竹下通りと明治通りの角にはヨーロッパのブランドを集めたパレフランス（73年竣工）がオープンしていた。それ

ラフォーレ原宿の裏通りの入口

ラフォーレ原宿のスキップフロア

らをベンチマークにしたと思うが、明確なコンセプトもセグメンテーション、ターゲティング[注6]もなかったように思う。リーシング中心に商品構成をせざるを得なかったと思う。

結果的には、スズヤや三愛のような全国チェーンと原宿に出遅れたブランド店が並ぶことになった。アメリカの人気イラストレーターのポスターで、ハイセンスなファッション店舗群をアピールした。

また、苦肉の策だったのではあるが、一つだけ明確な特徴があった。それはテナントがなかなか付かなかった地下2、3階に原宿の若手デザイナーの店を入れたことである。当時、ラフォーレ原宿の目の前のセントラルアパートには、自分でデザインし縫製もするデザイナーが群がっていた。彼らを安い保証金と売上歩合の家賃で入居させることで、若手を育てようと意図したのである。

マーチャンダイジングやコンセプトが固まったのは、実際に運営が始まってテナントの優劣が明確になってからであった。全国チェーンの位置づけはアンテナショップで、売ることが目的ではなかった。ファッションの先端地である原宿で、その傾向を知ることが役目であった。それに対して、地下2、3階の若手デザイナーは必死で売ることに注力した。お客さんもその新鮮なデザインに注目し、人気が高まってきた。やがて、坪当たりの売上は地下2、3階が一番高くなった。そこで、当時の館長・森ビル出身の佐藤勝氏が、素人の強みで、全館を原宿出身の若手デザイナー中心の店舗構成に変えたのである。

ここで、ティーンエージャーをターゲットにした原宿の先端デザインを集めたファッションの館というコンセプトが固まった。このとき私は、運営事業は、運営してからのお客さんの反応やテナントの対応力を見ながら、どう改良・改善・改革していくかにかかっていることを学んだ。その後、誰もが知っているように80年代はDCブランドがブームとなり、ラフォーレはその聖地として全国

注5　奥住《おくずみ》正道《まさみち》
１９２４年大阪府生まれ。経営コンサルタント。株式会社奥住マネジメント研究所・取締役会長。業界のリーダーとして流通業界、外食業界の近代化の指導にあたる。（Wikipediaより）

注6　セグメンテーションとターゲティング
マーケティングの用語。多様化したニーズから類似したニーズを分析するため、顧客グループ（セグメント）を小さくグループ化し、後者はそのセグメントに絞ってマーケティングを行うこと。

ブランドになった。

ラフォーレ原宿はＤＣブランドを育てたが、育ったブランドは全国の丸井やルミネのテナントになった。森ビルはその受け皿をつくることなく、果実を得られなかった。育てたテナントの果実を得るビジネスモデルをつくりえなかったことは反省すべき点であろう。

2 改革ナンバービルの開発 安定成長時代に対応（1981年〜1983年）

一団地開発

1973年の第1次オイルショック以降、世界的にスタグフレーション[注7]となり、物価は上がるが不景気が続くという時代であった。日本の経済成長は10％台から5％前後の安定成長に変わってしまった。そこで、この時代にふさわしいビルづくりが求められるようになった。

森ビルは、それまでの天井の低い、有効率を極大化した実用的で効率一点張りのビルづくりから、長期的に持続可能な安定成長時代の事務所ビルづくりに、大きく舵を切った。そこで、桜田通りに面する長方形のブロックとその裏側の細い道路に面する正方形のブロックを合わせて一団地とする面的事務所街区づくりにチャレンジした。81年に竣工した虎ノ門35、36、37森ビルである。

建物も全面タイル張りで階高も高くし、玄関ロビーも広く取り、車寄せもつくった。森ビルにとって画期的なオフィスビルであった。均等スパンのため柱が多いのは玉に瑕であるが、今でも充分に通用するビルである。

注7　スタグフレーション　景気停滞（スタグネーション）と物価上昇（インフレーション）が同時に継続していること。

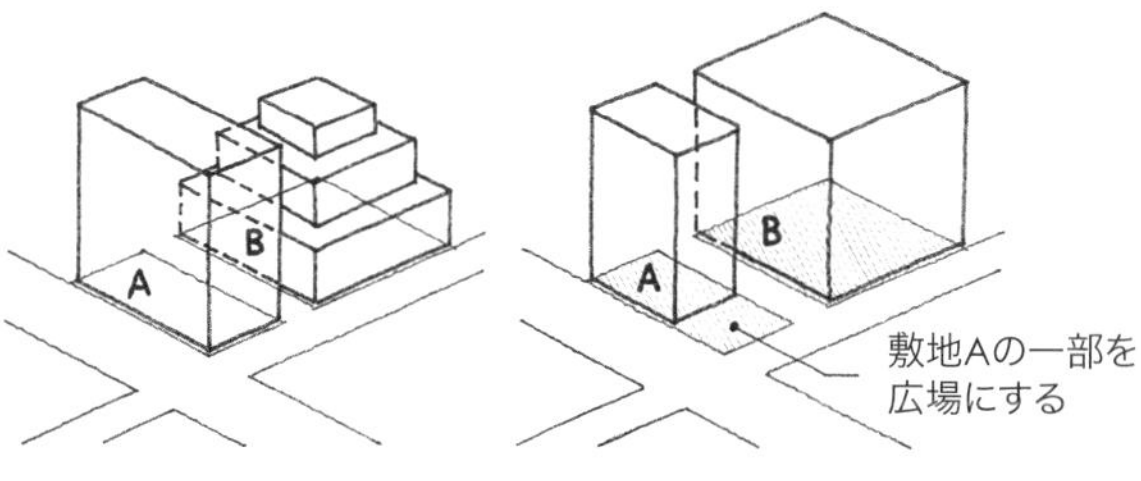

〈A、B 別々に開発した場合〉　〈A、B 一体に開発した場合〉

図1　道路を跨いだ一団地の考え方　公道で隔てられている土地を一体に開発し、土地Aの容積を土地Bに移転させるといった手法

虎ノ門 35、36、37 森ビル※

建築基準法上の最大の課題は、道路を跨いだ一団地の認定だった。当時は前例がなかった。別々に建てたら、前の建物で後ろの建物が塞がれることになり、裏道にも面した斜線だらけのビルになってしまう。一団地にすることにより前が開かれ、双方とも形の良いビルになる。望ましい街区になると絵を描いて、粘り強く行政と交渉して理解を得た。その後、この道路を跨いだ一団地の手法（図1）が広まることになる。

法律の趣旨に合っていれば、より良い運用に向かって努力すべきである。その際に理解ある柔軟な行政マンがいれば、道は開ける。そのためにも法律は解説書に頼るのでなく、まず原文を読むべきである。

裏側の虎ノ門37森ビルが建っている土地はもともと正方形で、ある商社がマンションを建てる計画をしていた所であった。それをお願いして譲り受けたものである。

虎ノ門35、36、37森ビル、メソニック38森ビル（現：メソニック38MTビル）は同じ81年に竣工し、2年後の83年にはメソニック39森ビル（現：メソニック39MTビル）と赤坂ツインタワーが完成した。オイルショックの痛手が少なかった森ビルは、70年代の後半からビル開発に力を入れることができた。年に一つずつ竣工するのが理想だとは思うが、関係権利者や行政手続きなどの外部要因が大きいせいか、どうしても団子状に完成することになった。

面的に広がったオフィス街の形成につながり、地域価値を変えることができたと思う。ちなみに、そこで育っていたイチョウの木をラフォーレ原宿の前面広場に移植した。今でも立派に育っている。

一団地の考え方でできた広場（左：第36森ビル、右奥：第37森ビル）

サブリース

メソニック38森ビルは、もともと日本海軍幹部の組織、水交社の会館があった所で、戦後アメリカ軍に接収されていた。その後、世界的石工の組織と言われるフリーメイソンの日本支部に払い下げられたものである。フリーメイソンは建物が老朽化したので、デベロッパーに建て替えてもらうためにコンペを行った。自らの施設をつくってもらうと同時に収益用のビルをつくらせ、それをデベロッパーに貸し、その建築費を何年で償還できるかを競わせた。森ビル開発[注8]がそれに勝って建てることになった。

敷地は東京タワーと並ぶ風致地区にあった。敷地境界から大きくセットバックすることにより、建物高さの規制の緩和を受け、12階建てのオフィスビルを建築できた。ここでは、土地を買わずにビルの建築費を出し、それを借り上げて回収するというサブリース[注9]（転貸）というビジネスモデルに挑戦した。

その後、バブル時代にマスターリース（一棟借上型）が流行ったが、バブルの崩壊とともに少なくなった。建築費もオーナーが出資すればハイリターンのビジネスになるが、時期が悪いとハイリスクになる。そのことを理解して長期的なビジネスと考えれば、意味があるモデルだと思う。現にこのプロジェクトは二十数年後に更新時期を迎え、契約更新ができている。

また、１９８３年には、森ビルらしく桜田通りに面する隣の土地をまとめ、39森ビルを完成させている。こうして、飯倉の丘の上をオフィス街に変えることができたのである。

赤坂ツインタワー（１９８３年竣工）

赤坂ツインタワー（現在、森トラストが新ビルに建て替えるため駐車場となっている）の土地は、

注8　森ビル開発
現在の森トラスト株式会社。当時は森稔が社長で森泰吉郎の死後、森章が社長となる。開発当時は、森ビルグループとして再開発事業以外を担当する会社であったが、社名変更し、１９９９年に完全な独立会社となっている。

注9　サブリース
サブリースとは、いったん借上げたビルを他者に転貸することである。マスターリースは、ビル全体あるいは一定区画を借上げる行為をいう。文中にあるサブリースでは、38森ビルを森ビルが借上げ、イトーヨーカ堂グループに転貸したことを意味している。

江戸時代には大きな溜池があった所である。３千坪以上の大きな敷地であったが、六本木通りに面する部分はＮＴＴの電話局に塞がれていて、通りにはわずかに面しているだけだった。

当初は読売新聞が所有しており、全日空ホテルを建てる計画があった。それが真向かいのアークヒルズに変更になったので、森ビルが音頭を取り、日本郵船が保有していた箱崎の土地を譲っていただき、それと交換して取得したものである。

第３章で詳述するが、赤坂・六本木一丁目地区で進めていた再開発事業[注10]、現在のアークヒルズもようやく都市計画決定の目途が付き、そのスタート前に完成させることがこのプロジェクトのミッションであった。前面のＮＴＴとの交渉は早目に諦め、確認申請だけの建築計画を進めた。一団地にはしないで、18階建ての２棟のオフィスビルをつなげて1棟の建物として申請した。加えて、隣地の赤坂病院、小さな料亭も共同建築に取り込んで、さらに建物をつなげて、全部で1棟の建物として申請した。また附置義務駐車場は地下３階で収まったが、支持地盤が浅く短い杭をたくさん打つことになることがわかり、地下４階にしたほうがコストも工期も下がることがわかったので、それを選択した。

街づくり的には良い計画とは言えないかもしれないが、アークヒルズ着工前にキャッシュを生むビルとして完成することができたことは、大きな意味があったと思う。その後、六本木通りと外堀通りをつなぐ道に面する土地をまとめ、ＡＴＴ新館が１９９２年に完成した。こうして３本のビルが並

赤坂ツインタワー
（出典：Wikimedia Commons, the free media repository）

注10　赤坂・六本木一丁目市街地再開発事業
森ビルが中心に進めていた事業。１９６７年に森ビルが事業地区の一部の土地を購入し、地区内関係権利者と第1種市街地再開発事業として遂行していたもので、施行面積5・6ha、延床面積約36万m²に及ぶ、当時では日本最大の再開発事業であった。

び、オフィス街の街並みをつくることができた。

またこのビルは銀座線と南北線の交差駅、溜池山王駅の地下道からの出入口がつくれるようになっていて、そのおかげで地下道をアークヒルズまで延長できた。それにより、アークヒルズはオープンから11年後の97年に地下鉄とつながった。

81年から83年にかけて多くのオフィスビルが竣工したが、テナント集めに大変苦労したわけではなかった。79年頃に第2次オイルショックも起きたが、日本企業はいち早くオイルショックから立ち直った。工場のオートメーション化、省力化が進み、従業員は工場勤務から事務所勤務の営業や企画部門に移動した。そのためオフィス需要は自然に増えたが、オイルショックの痛みが残っていて、ビルの供給が少なかったからであろう。

地下鉄神谷町駅直結ビル（1982年竣工）

第1次オイルショックからインフレ抑制のために金融政策は引き締めが続いていた。ところが不景気が長引いていたので、徐々に金融緩和に変えたのであろう。１９７０年代の終わり頃から、ノンバンク[注11]を経由して不動産にお金が流れるようになってきた。それにより、東京都心の地価は上昇傾向になった。神谷町付近の地価は、それまで一種坪単価（土地坪単価を容積率で除した１００％容積率あたりの単価）が50万円程度だったのが、急に１００万円に跳ね上がった。そのため、早く土地をまとめる必要が出てきた。

その場所は日比谷線の神谷町駅に面しており、当時地下鉄と直結する唯一のビルになる可能性があった。まだ土地の取りまとめはあまり進んでおらず、駅前らしく小さな商売の店が残っていた。そこで、それらの店を取り込んだ共同ビルを計画した。これが後の虎ノ門40森ビル（82年竣工）である。

注11　ノンバンク
「預金取扱金融機関ではない金融会社」の総称。具体的には、消費者金融会社、事業金融会社、クレジットカード会社、信販会社、リース会社、ベンチャー・キャピタルなどのことである。

注12　下駄履きビル
低層階に商店、上層階に事務所、住宅などで構成されるビル。

そのまま取り込むと、よくある下駄履きビルになってしまう。[注12]決して下駄履きビルにはしない、店とオフィスが相乗効果を呼ぶ複合ビルをつくることをコンセプトにした。店舗はいずれも個人営業で、飲食店3店、食料品店、床屋、仕立屋、喫茶店、肉の卸店、酒屋等であった。

地下鉄に面することを最大限に活かしつつ、下駄履きビルにしないために、工期を1期、2期と二つに分けた。先に北の端に地下1階・地上3階建てのビルを建設した。地下はいずれ改札口に直結する地下商店街とつなげ、地上は店舗併用住宅とした（図2）。そこに飲食店3店と肉の卸店に入ってもらい、住宅にはそれらの店主に入ってもらった。

その後で地下は商店街、地上1階は玄関ロビーと店舗、2階から9階は事務所のビルを建てた。特に地下商店街の出入口は3方向の角に設けた。ポイントは1階のメイン店舗を何にするかであった。幸い、都市銀行の神谷町支店の話が出てきた。家賃も高いし、イメージも良い、ビルのグレードも上がる。一気に進めることにした。

残念なことに、東側の角の酒屋さんはどうしても話に乗らず、断念することにした。ごね得を狙っていると外される例が必要と考えたからだ。設計も違和感なくでき、品位のあるビルになったと思う。

3　1980年代初期の事務所ビルの連続竣工　会社の体力を付ける

森ビルは1981年から1983年にわたり、従前のナンバービルから質的な転換を図りながら、

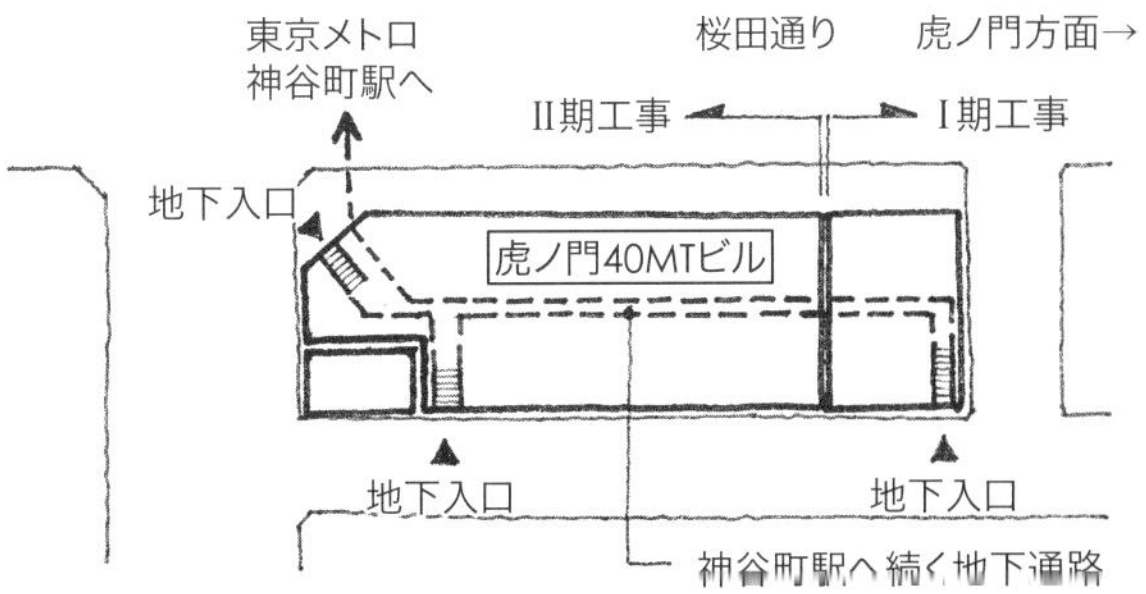

図2　虎ノ門40森ビル、地階平面図

次々と事務所ビルを完成させてきた。これらのビルの収益と開発力が、アークヒルズへ向けての弾みとなる。

前述したように、81年には虎ノ門35、36、37森ビル、メソニック38森ビル（現：メソニック38MTビル）、82年には虎ノ門40森ビル（現：虎ノ門40MTビル）、83年にはメソニック39森ビル（現：メソニック39MTビル）、三田43森ビル（現：三田43MTビル）、赤坂ツインタワー（現在、建て替え中）と、86年に完成するアークヒルズの竣工前に相当数のビルを供給し、収益物件にすることができたのである。鶏が先か卵が先かという議論があるが、アークヒルズを実行するために数々の事務所ビルを建設し、収益化したとも言える。これらのナンバービルの稼働なくしてアークヒルズの投資を賄う銀行融資も得られなかったであろう。投資と収益化のバランスを取ったのが、80年代の事務所ビルの連続竣工であった。

ビル業というのは、常にその時々の需要と供給のバランスに左右されるものである。しかしながら、街づくりを念頭に置いたビル業では、そのバランスを見極めながら供給していくわけにはいかない。80年代のナンバービルの建設時にも、需要と供給のバランスのなかで苦しんだビルもあったが、街づくりをする立場ではその時々の流れに応じて供給せざるを得なかった。そもそも森ビルは、戦後のオフィス需要の高まりをいち早く捉えて共同建築で合理的なビルづくりを続けながら、新橋・虎ノ門地区を丸の内のように一街区一ビルにしようとした。さらに、超高層ビルが建てられるようになると、ビルの超高層化と足元空間の緑地化を目指したアークヒルズのような街づくりを目指した。その点で、時代に即した形のビルをつくり続け、体力を付けながら新たなビジネスモデルを確立してきたとも言える。

3

アークヒルズ

民間初の大型複合再開発

アークヒルズ全景※

1　19年に及んだ再開発

1967年の土地取得から1986年のオープンまで

国内初の超高層の大型ビル、霞が関ビルが1965年に着工した。そのことは近くでビル業を行っている森ビルに大きな刺激を与えた。新橋・虎ノ門地区は震災復興区画整理が実施されており、すでに中小ビルが建っており大きな街区にはできそうにないので超高層ビルは建てられない。大きな敷地になる可能性のある六本木通り沿いの土地、その大通りから横道に入った銭湯の跡地を取得したのが67年のことだった。

68年には霞が関ビルが完成し、大いに話題になっていた。翌69年には都市再開発法が施行され、民間でも組合を組織化できれば、強制力を持って再開発事業ができるようになった。早速、それを活用すべく識者を集めて、再開発および超高層ビルの研究を始めた。購入した銭湯の隣の谷町地区は木造家屋の密集地で、行政にとっても再開発すべき所でもあった。

そういう活動が功を奏したのであろう。71年に東京都は都内7か所を再開発適地に選び、その可能性を調査した。そのなかにアークヒルズ地区も入っていて、調査結果がマスコミに公表された。

これが寝耳に水ということになり、住民や権利者の反発を呼び、長く権利者対応に苦労することになる。そうしたなか、港区では都市計画法のマニュアル通りに学識経験者を集め、基本計画を策定することにした。大規模開発は抵抗が大きいため、まとまった所から小さな再開発を順次行い、徐々に広げていくべきという計画が策定されたが、反対運動が激しく、なかなか発表されないという混乱状態が続いた。67年から12年間、住民運動に甘い美濃部亮吉氏の都政が続いたことも影響があったと思う。法定再開発は、港区にとっても森ビルにとっても初めてのことで、あまりにも経験不足で未熟であった。

その反省のもとで、73年に『赤坂・六本木地区だより』というミニコミ誌を森ビルで創刊し、住民とのコミュニケーションづくりに努めた。それと同時に、地域のコミュニティ活動に森ビル社員が積極的に参加し、まず仲良くなること、信頼される人間になることを目指した。

コミュニケーション活動の成果が出てきて少しずつ再開発の話題も出せるようになってきた。行政と学識者に任せておくと、民間の力を発揮できる再開発案はできないと判断し、独自の案をつくることにした。

74年と76年には、策定した独自案を持って、地権者、住人とコミュニケーションを取った。徐々に再開発の話を聞いてもらえるようになった。

一方で、この間にオイルショックが起きた。高度成長の終わりを告げる経済史上の大事件であった。物価は高騰し、一方で地価は戦後初めて下がった。そのなかで森ビルでは余計な土地を買っておらず、その後始末をする必要もなかったため、アークヒルズに注力することができた。

74年の案は商業施設中心の案であったが、オイルショックを受けて、76年の案ではオフィス中心に変えた。オイルショックの混乱のなかで、これらの地道な努力が実って、地権者の理解が進んで

アークヒルズ地区空撮（建設前）※

アークヒルズ地区空撮（建設後）※

注1 郭《かく》 茂林《もりん》
1920年～2012年。台湾生まれで日本へ帰化した建築家。KMG(Kaku Morin Group)設計事務所を創設して日本初の高層ビルである霞が関ビルディングから新宿の超高層ビル群、母国台湾の超高層ビルや都市計画に携わる。(Wikipedia より)

いった。こうして、78年に再開発を本格的に検討するための準備組合を設立することができた。

準備組合の活動によって、79年には有力な反対者とも和解が成立した。一方、東京都は再開発の都市計画を決定し、再開発を事業化する環境が整ってきた。同年、美濃部都政が終わり、鈴木俊一氏による都政が始まり、都は再開発を推進する体制を整えた。この間、森ビルでは、アークヒルズ地区以外で次々にナンバービルの着工が続き、会社の体力も付き、信用力も増していた。

そして82年、メインバンクに信用力を確認したうえで、東京都は再開発の事業決定をし、組合設立を認めた。

その後は順調に進み、83年に権利変換が認可され、その秋に着工。86年4月に完成できた。地下6階、地上37階、延床面積36万m²(11万坪)のビル群が2年半の工期で完成したのである(図1)。

2　着工までの計画内容の変遷

大街区構想

最初に相談したのは霞が関ビルに関わった郭茂林氏[注1]である。郭氏は、桜田通り、外堀通り、六本木通り、外苑東通りに囲まれた約75haを大街区(図2)と位置づけた。その丘の中腹にハチマキ状に道路を回す。それより上側に住宅を、下側の幹線道路沿いには商業と事務所を配置するというゾーニングを提案した。

幹線道路沿いから傾斜地にかけて人工地盤を架け、地盤下には商

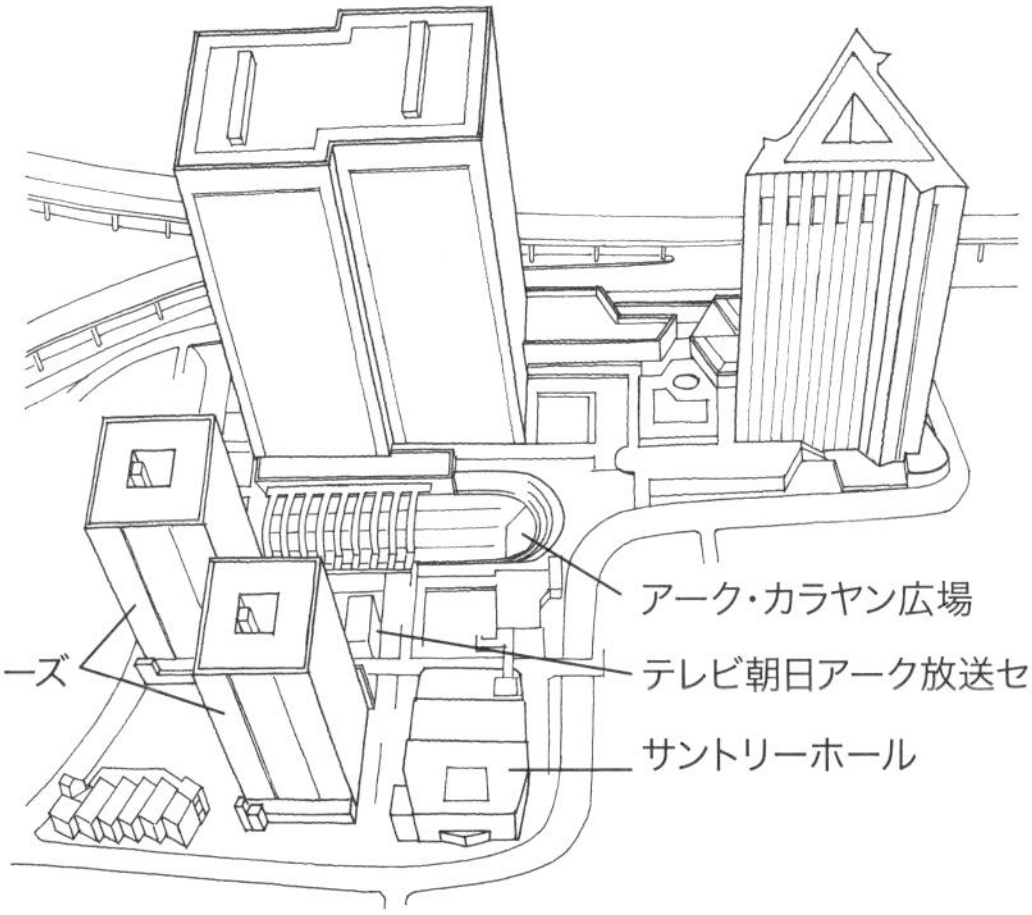

図1　アークヒルズの主要施設

業施設等を入れ、地盤上にはゾーニングに従って超高層オフィスビル、超高層住宅を建てるプロトタイプを描いた。1960年代、1970年代に先進国の大都市で、建設された大規模再開発をベンチマークにしたと思われる。

その後、港区が進めた基本計画づくりは、反対運動に配慮し、まとまった所から小さな再開発を進め、それをつなげていけばよいとの考えであった。それでは地域価値はあまり変わらない。開発利益は少なくなり、権利者に還元できなくなるため、理解は得られないと思われた。住民の表向きの意向に左右される行政と学識経験者の陥りやすい傾向と考えられる。

そこで、リスクは大きいと思われたが、地域のイメージを大きく変える大規模開発の研究を始めた。それまでの駅前大規模再開発のように大きな商業施設を入れた案もつくった。ところが、オイルショックが起き、大型商業施設は難しいと思われたので、オフィス中心の案に変えたりもした。また、人口が減少しはじめた港区からの要望に応えるために、住宅を多くした案も考えた。超高層オフィスビルとコの字型の住宅棟で囲まれた魅力的な中庭のある提案もつくった。

図２　アークヒルズ開発の前提として考えた大街区構想　大街区は、東側：桜田通り、西側：六本木通り、北側：外堀通り、南側：外苑東通りに囲まれたエリア。アークヒルズは、西側に位置している。大街区にはホテルオークラ、米国大使館など各国大使館などもあり、起伏に富んだ地形のなかで超高層オフィス、住宅文化施設などの建設、計画が進んでいる。東側では、虎ノ門ヒルズステーションビルの建設が進められ、南側、虎ノ門・麻布台地区では、2023年に日本で最高の高さになる複合再開発が建設中である。（ベース地図出典：国土地理院地図ウェブサイト）

全日空ホテルとサントリーホールの参画

そのうちに、六本木通りの向かい側でホテル建設を検討していた全日空が、アークヒルズの再開発に参加する意向を示した。通り沿いに全日空ホテル（現：ANAインターコンチネンタルホテル東京）と超高層ビルを並べ、その裏側に人工地盤を架け、広場をつくる。広場を挟んで教会と住宅棟を並べ、広場の下に商業施設を入れる案に固まってきた。それが都市計画決定につながった。

一方、霊南坂教会は再開発に前向きであり、参加することを前提に進んでいた。ところが、最後になって土地の共有化は宗教法人にはなじまないということになった。そこで、隣の土地に移転することになった。その残った敷地に、幸いなことにクラシックコンサートホールを検討していたサントリーが興味を示した。サントリーは世界に通用する本格的なホールの建設を考えていて、それを受け入れるよう設計変更をした。アークヒルズを象徴する施設が、計画の最終段階で決まったのである。最後まであらゆる可能性を検討すべきであろう。

3　着工後の計画変更

テレビ朝日のスタジオの導入

こうして1983年の秋に無事に着工できたが、それからもう一つ計画上の大きな出来事が起こる。テレビ朝日は六本木六丁目のテレビ朝日所有地内で再開発を検討していたが進まず、放送局の送信施設の更新時期に間に合わないことがわかったようだ。アークヒルズに入れる余地があれば、入りたいという話が飛び込

テレビ朝日アーク放送センター

サントリーホール（サントリーホール提供）

んできた。アークヒルズの中にテレビ朝日の中心放送施設が出来れば、六本木は空くので森ビルとともに再開発をしたいとのことだった。

アークヒルズの広場に面した所と、広場下の地下に商業施設を計画していた。そこを使って、テレビ朝日の放送マスター施設と主要スタジオを入れるべく、大至急検討された。着工していたが、設計変更を決めたのである。しかも、テレビ朝日部分は全体より早く完成することができた。85年秋、テレビ朝日の看板番組となる久米宏の「ニュースステーション」は、このスタジオからスタートした。アークヒルズ全体は、翌86年春にオープンした。

インテリジェントビル化と核シェルター

もう一つ、着工してから大きく変えた所がある。オフィスビルである。ＩＴ技術が１９８０年代に入り大きく進歩し、アメリカではオフィスのあり方も変化するのではという動きが起きていた。スマートビルという考えであった。当時、日本では「インテリジェントビル」という言い方をしていた。森泰吉郎氏（当時：社長）の長男、森敬氏[注2]は、慶應義塾大学の理工学部教授で計量経済学の専門家であったが、コンピューターには強く、オフィスのインテリジェント化は必須であると強く唱え、提案した。敬氏とともにコンピューター分野の第一人者であった東京大学工学部教授の石井威望氏[注3]や泰吉郎氏も加わり、オフィスのインテリジェント化の研究が続けられたのである。

ＩＴ技術がオフィスの業務に入って来て、そのインフラがないと、オフィスの価値がなくなるという危機感であった。急遽、ＩＴ配線のできる床に変え、階高も高くして、将来の変化に対応できるようにした。開発期間、工事期間は長い、その間に時代が変わることがある。最後までより良い案になるよう変更を厭わないことである。

注2　森《もり》 敬《けい》
１９３２年〜１９９０年。経済学者。専門は計量経済学で、慶應義塾大学理工学部管理工学科教授を務めた。森ビル創業者・森泰吉郎の長男。慶應義塾大学経済学部卒業。専門とする計量経済学のマクロ経済研究にとどまらず、太陽光自動集光・伝送装置「ひまわり」を開発し、自らも起業を実践した。

注3　石井《いしい》 威望《たけもち》
１９３０年生まれ。システム工学者。東京大学名誉教授。アーク都市塾の立ち上げ、アカデミーヒルズリサーチ・ネットワーク所長等を担う。

また、80年代前半は、東西冷戦の緊張状態にあった。各国で真剣に核シェルターの議論がなされていた。森敬氏は、インテリジェント化だけでなく、危機管理の面からも核シェルター設置の可能性を探るべきだと提案し、その設置場所を検討した。オフィスビルの地下4階にその場所を見つけ、核シェルターに改造することができた。後に、この場所が、森泰吉郎氏が始めた「アーク都市塾」になるのである。

4　第三のビジネス都心に　高密度・高環境の追求

森記念財団設立、大街区を第三のビジネス都心に

１９８１年に森記念財団が設立され、東京の街づくりのあり方、港区の都市研究が進められた。アークヒルズを含む大街区は、第一のビジネス都心である丸の内および大手町、第二のビジネス都心である新宿副都心に対して、第三のビジネス都心に位置づけられると考えられた。第一、第二のビジネス都心が平らな土地で、オフィスビル中心の都心であるのに対して、この大街区は丘陵地で緑も多く、住宅、文化施設もある複合型のビジネス都心になる可能性がある。

アークヒルズの計画づくりと並行して、大街区の丘の東側の神谷町、巴町側の南虎ノ門地区でも、開発のあり方の研究を始めていた。アークヒルズのある西側では、土地も細分化しており、崖地も多いので、アークヒルズのような法定再開発事業をつなげていく。それに対し、南虎ノ門側では大きな土地を企業が所有している所が多い。必ずしも法定再開発をしなくても、地区計画[注4]、特定街区[注5]、総合設計[注6]を駆使して、道路整備を民間に義務づけながらそれをつなげていけば、面的整備ができるのではないか、という提案がなされた。

注4　地区計画
都市計画法による制度。住民の合意により、それぞれの地区にふさわしいまちづくりを誘導するための計画。建築物の用途や形態・意匠、容積率、建蔽率、最小敷地面積、建物高さ、壁面位置、外壁後退等について制限を設けることができる。（Wikipedia より）

注5　特定街区
都市計画法による地域地区の一つで、既成市街地の整備・改善を図ることを目的に、ある街区において、既定の容積率や建築基準法の高さ制限を適用せず、別に都市計画で容積率・高さなどを定める制度である。１９６１年に創設された制度で、超高層ビルを建設するための手法の一つである。（Wikipedia より）

このような大きな位置づけのもとに、アークヒルズの計画および設計は進められた。ベンチマークになった欧米の大規模複合開発の味気なさとは違う、きめの細かい、丁寧なデザインを試みた。オフィスビルは、フロアプレート1千坪という、当時としては巨大ビルであった。正方形のタワービル2本をつなげたようなデザインをして、スリムに見せている。このワンフロアの大きさがテナントには魅力であり、30年を超えた今でもオフィス市場で十分に通用する価値のある建物である。

また、全日空ホテルの宿泊部分の平面は三画形にして、オフィス棟と正対しないように配置した。大きな吹き抜けを備えたロビーを含め、ジャンボ機時代にふさわしい900室の大型国際ホテルをつくることができた。

一方、サントリーホールは半分近くを人工地盤の下に入れたこともあり、広場から親しみやすい形に収まった。また、ヘルベルト・フォン・カラヤン氏の助言を得て、2千席を擁するヴィンヤード形式の国際的水準の評判の良いホールをつくることできた。後に「アーク・カラヤン広場」と名づけられることとなる広場に面し、そこから人々が出入りする雰囲気のある環境がつくられた。

緑の都市に

アークヒルズで特に力を入れたのは、緑と広場であった。外構の中心部分を誰と相談するか、議論が行われた。当時、西海岸のランドスケープデザイナー、ローレンス・ハルプリン氏[注7]が世界的に話題になっていた。彼が設計したポートランドのラブジョイプラザの噴水が人々に衝撃を与えていた。彼の力を借りようと、その弟子で日本事務所を任されてい

注6　総合設計　500㎡以上の敷地で敷地内に一定割合以上の空地を有する建築物について、敷地内に歩行者が日常自由に通行または利用できる空地（公開空地）を設けているかなど計画を総合的に判断して、容積率制限や斜線制限、絶対高さ制限を緩和できる制度。（Wikipediaより）

アーク・カラヤン広場※

たサトル・ニシタ氏が選ばれ、彼とデザインを進めた。中央プラザと「U」の字の噴水はそこから生まれたものであった。なお、最近ポートランドを訪問した際に、今もラブジョイプラザが使われていることに感動した。それ以上にびっくりしたのが、その公園の名前が初代市長の名前であったことだ。

サトル・ニシタ氏には、変化に富んだ地形を活かして、滝を象徴にした広場と緑の丘に見える屋上庭園が活きるランドスケープにしてもらった。敷地の20mの高低差を活用して、表通りから6～7mの高さにメイン広場を設置し、段々畑状に小さな広場を連続させ、散歩する楽しさを演出している。後にメイン広場には可動式屋根も付けて、雨の日のイベントにも対応できるようにした。その正面に、象徴となる滝を設けた。また、緑についてはさらにこだわった。当時、再開発は火事や地震には強いかもしれないが、コンクリートジャングルになるとの批判が強かった。アークヒルズでは、むしろ再開発によって、緑は増やせることを実証すべく徹底的に緑化した。

道路沿いはすべて並木を植樹した。表通りはビル風対策もあり、常緑樹のクスノキを並べた。700mにわたる外周路には、両側に桜を植えた。10年も経つと東京都心部の桜の名所の一つにもなった。それから低層部の屋上についても徹底的に緑化に努めた。特に力を入れたのはサントリーホールの屋上で、庭園と鎮守の森にして、バードサンクチュアリーにすることができた。

アークヒルズの地区は、霊南坂という邸宅街と、谷町という震災にも戦災にも焼け残った長屋の木造密集地が、背中合わせに存在した所であった。まともな区画街路はなく、路地しかなかった。道路づくりから始めざるを得ず、逆に言えば好きな所に道路を設けることができた。そこで、ほぼすべての建物を入れたスーパーブロックの街区をつくり、外周路を整備した。

表通りと外周路からの車の出入りは絞り、メイン広場の人工地盤下に大きな車寄せと敷地内通路

注7　ローレンス・ハルプリン(Lawrence Halprin)　1916年～2009年。アメリカ合衆国の造園家、ガーデンおよび環境デザイナー、ランドスケープデザイナー。公的な空間と利用者との相互関係に視点を当て、噴水広場やアメニティに配慮した公園や歩行者空間・エクステリア空間などのデザインを行った。（Wikipediaより）

をつくり、そこから主な車が出入りするようにし、バス停も設置できるようにした。このような工夫により、幹線道路への負荷は少なくできたと思う。

再開発では、権利変換のコンセンサスを得るために高容積が求められる。しかし、むやみに容積を高めると、過密に陥って価値を下げることにもなりかねない。高密度でかつ高環境が求められるのだ。アークヒルズでは、ここまで書いたような様々な試行錯誤や工夫によってそれを実現できたように思う。30年以上経過してしっとりとした落ち着きが出てきており、居心地がよいと感じるファンが根強くいる。ありがたいことである。

5　第1次・第2次オイルショックと不動産業界

外への国際化から受け入れる国際化へ

開発がスタートした1970年前後は、高度成長の真っ只中で、安い石油を使って生産力が高まった。輸出は拡大し、国内は大衆消費社会が勢いを増してきたときだった。それが、73年に第1次オイルショックが起こり、それに冷や水を浴びせられることになる。物価は高騰し、国内は大騒ぎになった。

70年代後半はスタグフレーションと言われ、物価は上がるが景気は良くならない、停滞の時代であった。その間、日本企業は、石油の高騰に対応するために生産部門の合理化・効率化を進めていた。その後、79年に第2次オイルショックが起こり、世界が再び大変な状況になっているなか、日本経済はいち早くオイルショックを克服する。輸出競争力を回復し、80年代に入ると、輸出

アークガーデン※

で稼げるようになった。企業は工場をオートメーション化し、人員を減らし、その労働力を本社の営業部門や企画部門に回すようになる。また、大阪本社の多くの企業が東京に本社を移す傾向も高まってきた。

80年代半ばに、日米貿易摩擦が激化し、85年のプラザ合意[注8]で、日本は円高に向けて協調介入することを認めた。その結果、当時235円程度だった円が1年後には150円程度の円高になった。

これにより、日本は、輸出中心の経済を内需拡大、海外企業を受け入れる経済に変更せざるを得なくなった。海外に出ていく国際化から海外企業を受け入れる国際化へと変わったのである。そこで、規制緩和を進め、海外の金融機関に市場を開放した。

73年のオイルショックの前までは、土地神話、列島改造論の時代である。どこの土地も地価は毎年上昇が続き、不動産業界は主に宅地造成・宅地分譲で活況であった。それがオイルショック後、一転して批判されるようになった。別荘分譲に力を入れていた商社が国会で追及され、多くの企業は買った土地の後始末に追われていた。

その頃、オフィスビルの開発に力を入れているデベロッパーは少なかった。三菱地所が丸の内で行った高さ31mの再開発[注9]は、60年代にほぼ終わっていた。68年には霞が関ビルが完成し、超高層ビルの時代に入る。70年の浜松町の貿易センタービル、71年の新宿京王プラザホテル、74年の新宿住友ビル、新宿三井ビルと続いたが、オイルショックにぶつかる。池袋のサンシャインビルは建築費が高騰し、一時工事を止めた。新宿副都心以外ではオフィスビル開発はあまり進まなくなった。

一方、オイルショックで一時的に地価は下がったが、すぐに回復基調に変わった。東京のように特に需要の強い所では、土地神話が復活したようだった。銀行も、ノンバンクを通すなどして土地融資を進めるようになっていた。

注8　プラザ合意
1985年9月22日、先進5か国（G5）蔵相・中央銀行総裁会議により発表された、為替レート安定化に関する合意の通称。その名は会議の会場となったアメリカ合衆国ニューヨーク州ニューヨーク市のプラザホテルにちなむ。（Wikipediaより）

注9　丸ノ内改造総合計画
1950年代頃からのビル需要に応えるために59年に三菱地所により「丸ノ内総合改造計画」がつくられた。丸ビル、丸ノ内八重洲ビルを残しすべて建て替えられたが、高さ制限時代で31mを越えるものはなく、80年代に入りようやく100m級の建物が誕生する。

6 アークヒルズの事業評価

裏地の最有効利用と建築のタイミング

オイルショックで多くの不動産関連企業がその後始末に追われているなか、森ビルでは自社で活用する土地しか買っていなかったので、その土地の開発促進に注力することができた。1980年代に入ると、次々にナンバービルが完成し、供給が少ないなか、需要は強かったのでテナントは順調に付いた。未稼働資産がキャッシュを生む資産に代わり、会社の信用力が大いに付いた。

加えて、85年のプラザ合意が大きくプラスになった。金融市場が解放され、多くの国際金融機関が金融マーケットの大きい東京に進出することを決めた。ところが、それにふさわしいビルがアークヒルズ以外になかったようで、アークヒルズにほとんどの国際金融機関が集まった。

土地の購入費については、六本木通りに面した表地が少なかったことが幸いした。表地は六本木通りの拡幅の残地が多く、どれも小さかった。多くは幹線道路に面することがない裏地で、相対的に安かった。このほとんど裏地だった土地全体が再開発で表地に変わることができ、その開発利益は大きなものになった。しかもオイルショックで事務所需要は一時的に下がったが、即回復基調になり、その恩恵も受けることができた。もちろん、再開発に参加した権利者には権利変換で開発利益を還元した。ただ多くの地権者は再開発の実現を信じることができず、転出された。

次に建築費であるが、オイルショックによって高騰したが、不景気が続いて価格は落ち着いてきていた。しかも第2次オイルショックもあり、発注時期の80年代の初めには大変安く決めることができたのだった。

アークガーデン※

全日空ホテル、テレビ朝日、サントリーホールの導入によりリスク軽減

全日空のホテルの敷地は全日空に売り資金を回収し、テレビ朝日の施設と土地は将来六本木ヒルズになる土地と交換した。サントリーホールは森ビルが建物までつくってサントリーに貸し、サントリーが内装をした。結局、オフィスビルと住宅を純粋に森ビルが投資し、家賃で回収することになった。

国際的金融機関の集中

プラザ合意のおかげで国際金融機関がアークヒルズに集まり想定以上の家賃になり、そこに勤める外国人スタッフが住宅に数多く入居したことで賃料も高くなった。その点で、アークヒルズはベストのタイミングで完成したと言える。土地の購入から19年と時間は大変かかったが、事業的には最優良プロジェクトとなった。

孤立した街、アークヒルズへの批判

アークヒルズの完成と同時に、大きな驚きと高い評価を得た一方で、その街の姿に対する批判も出てきた。主な批判は、アークヒルズだけが立派になってもそれは孤立した街ではないかというものであった。周辺の街並みには低層のビルや一戸建ても残り、アークヒルズだけが浮き立ち、周囲と調和が取れていないという批判である。このような批判は、ある意味覚悟していた。しかし、現在、アークヒルズ周辺の大街区地区の再開発が同様に複合化され、街並みに緑あふれる様を目にすると、時代に先んじた街を提供したことが理解されつつあると感じるのである。

4

ヒルズシリーズへの展開とバブル崩壊

御殿山ヒルズ（入江三宅設計事務所提供）

森ビルは、アークヒルズ以降、創業以来のナンバービルづくりから複合型開発に移行し始めた。事務所だけでなく、住宅、文化施設、商業施設を適宜埋め込む街づくりの展開を始めたのである。それらの開発から、森ビルのヒルズシリーズが、各々どのような特色と意義を持ち、行政交渉、地権者交渉、近隣交渉、計画づくり、当時の経済状況の視点からどのような知見を得たのかを見ていきたい。本章で紹介するのは、御殿山地区（品川区）と城山地区（港区）、城山地区に隣接する虎ノ門・麻布台地区の三つの事例である。

さらに当時の社会経済状況から学び、気づいたことも記しておきたい。

1　御殿山ヒルズ　1種住専地区の高層複合開発（1990年竣工）

日本庭園を擁した高層化複合プロジェクト

御殿山ヒルズ（現：御殿山トラストシティ）で特筆すべきことは、東京で数少なくなっている非公開の民間の大規模日本庭園を公開したことである。第1種住居専用地域[注1]という厳しい規制を乗り越え、日本庭園を保存し、維持できる収益事業を実現したのだ。

品川駅から徒歩10分ほどと少し離れてはいるが、オフィスビル、ホテル、高級賃貸住宅と日本庭園をうまく組み合わせた複合開発を成功させた。その後も改良・改善を続け、30年近く運営を続けている。

権利者全員の同意を得た特定街区の申請も受け、閑静な住宅地の住民の意向とデベロッパー側の説明によって、このプロジェクトの意義を理解した行政が、都

御殿山ヒルズエントランス（入江三宅設計事務所提供）

注1　第1種住居専用地域とは、当時の都市計画で定められていた用途地域の一つで、良好な住環境を保護するために、10mまたは12mの絶対高さの制限や、敷地境界から建物の外壁までの距離を1mまたは1.5m離す外壁の後退距離制限などが定められていた。95年により詳細に区分された。

市計画の見直しと特定街区の指定をしたことが功を奏した事例である。

　地元品川区の技術助役が東京都で都市計画行政に携わった方で、このプロジェクトの意義および特定街区についての理解が高かったこと、加えて、品川区議会の重鎮とお互いに信頼できる人を介してコミュニケーションできたことが大きかった。

　東京都に用途地域の変更、特定街区の指定の権限があったが、その担当部長が街づくりに理解があり、その人に信頼されたことも大きい。完成後に現地を見てもらったとき、「森ビルさんは約束を守ってくれた」と言われた。

　住民の説明会を丁寧に行い、その記録をきちんと行政に報告した。必ずしも住民は賛成していなかったが、説明を重ねていることを評価してくれた。

　もともとの地主さんに対して、黒川紀章氏[注2]の協力を得て、低層案、中層案、高層案の3案を提案した。元の建物が建っていた北側部分に建物を高層集約し、日本庭園の大部分を残す高層案を気に入ってくれた。許認可上は大変リスクがあったが、地主の想いに応えたことで、契約に至ることができたのだろう。

　隣接した借地権者に地主の関係者がいたが、大変個性的な人が多く、交渉に苦労した。特に記憶に残っている3人について記す。

　1人目は、多くのことを知りたがるが決断を先送りするタイプの人で、私も若く彼の要望にでき

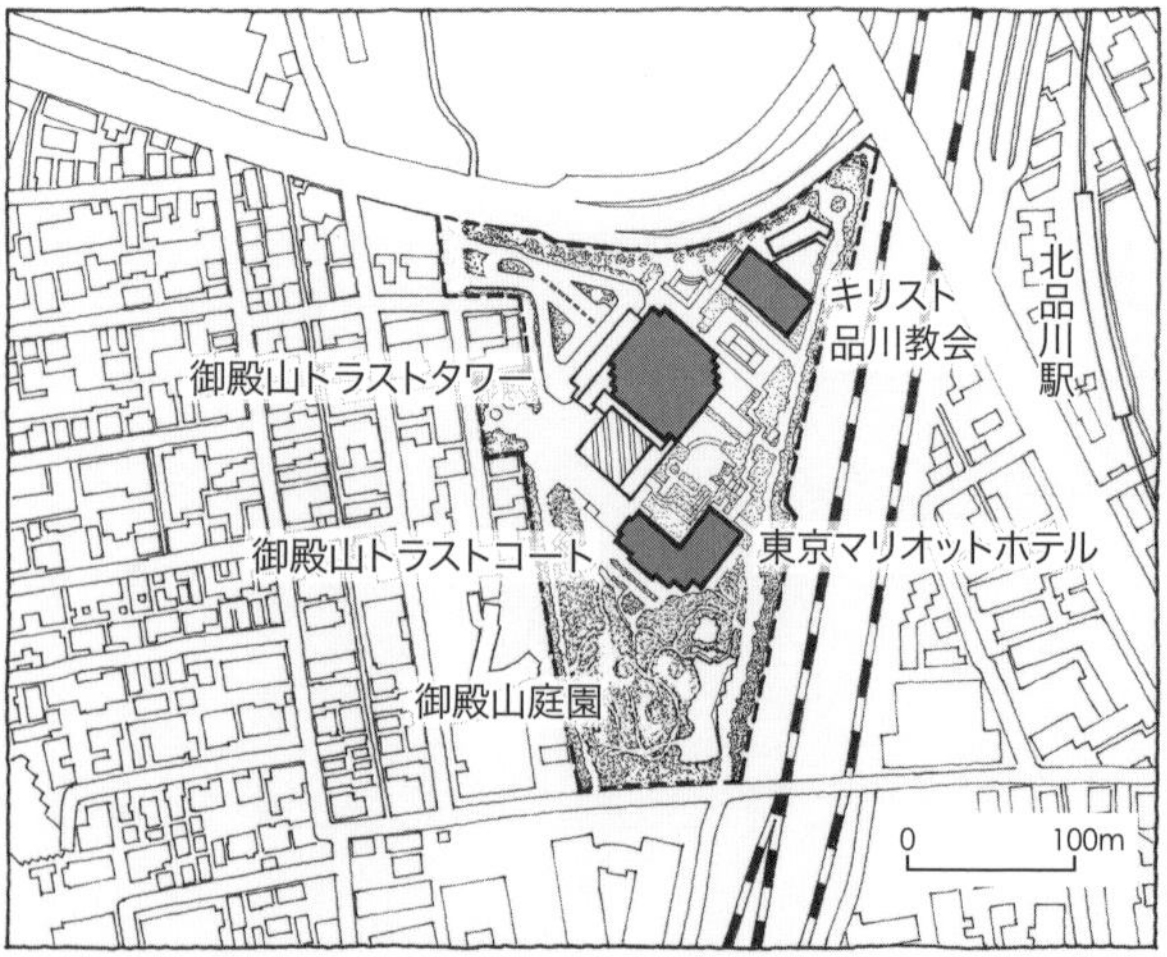

御殿山ヒルズ（出典：国土地理院地図を元に作成）

る限り応えようと、様々な代替案を提案してしまった。結果として余計決断できず時間がかかることになった。簡潔でわかりやすく、決断しやすい提案が大事だということを学んだ。

2人目は大手商社に所属し駆け引きに大変強い人で、予定調和型の提案では話が進まなかった。駆け引きの強い提案をして初めて交渉ができるようになった。通常、日本人は駆け引きをすると信頼できない人だと嫌われるが、海外で交渉してきた人は違う。むしろ駆け引きしなければバカにされる。交渉中、何度かそれではこの話はやめると断って、最後は決めることできた。

3人目は銀行マンで、日本の銀行が買った海外銀行の頭取をしていた人だった。人柄もよく、私の話をよく聞いてくれて、プロジェクトに対する理解も高かった。当然このプロジェクトに乗ると考えていたら、流動性の高い資産に変えたいと、広尾ガーデンヒルズの住戸を買う選択をされた。合理的に考える人はそのように判断するということを知った。結局、先の2人がプロジェクトに参加することになった。

閑静な住宅地の御殿山には、大学教授のようなインテリが数多く住んでいた。そんな彼らでさえ、高層建物に集約したほうが日本庭園も残り、しかも自分たちも利用できるということがイメージできなかった。「御殿山に2匹のキングコングをつくるとは何事だ。緑なんかいらない。中低層のマンションを並べろ」と言っていた。ところが完成すると、その人々がよく日本庭園を散歩していると言っていた。人は実物を体験しないとわからないということを学んだ。

同じ近隣でも、もう少し御殿山ヒルズ近くに住む人の関心は違っていた。当然だが、どういう実害があるかということだった。建物が離れているので実害は少ないことを説明できたが、納得しない。近隣が共通に心配しているのは地域価値が下がることである。地価が下がると危惧して強い反対運動になる。そこで、通常の団地が出来るより、質の高い高層マンションのほうが地域イメージ

注2　黒川《くろかわ》 紀章《きしょう》
1934年〜2007年。建築家。株式会社黒川紀章建築都市設計事務所代表取締役社長を務めた。86年にフランス建築アカデミーのゴールドメダルを受賞。59年に社会の変化や人口の成長に合わせて有機的に成長する都市や建築を提案したメタボリズム理論を提案。中銀カプセルタワービル（72年）などの作品がある。（Wikipediaより）

が上がるのではと説明し、理解を求めた。完成してそれを実感されたと思う。

敷地単体でも容積150％を200％に変えることができた。特定街区制度にしてもそれ以上の容積緩和は求めず、高さの緩和だけを東京都にお願いした。一般的に、公団の14階ぐらいの板状の住宅団地では、入る容積は200％が限度である。緑地については、隣棟間だけではまとまった広さを確保できない。この計画では25階建ての住宅、ホテル棟と21階建てのボリュームの大きい事務所棟で200％の容積を吸収した。その結果、敷地の約60％を日本庭園として保存することができた。高い建物は敷地の北側の中央部に限定したので、圧迫感も感じられない。良い環境が出来、地域イメージを向上できたと思う。

アークヒルズが完成したのが1986年であり、事業的に大成功したので、それをベンチマークに急いだプロジェクトであった。バブルが顕在化する前に着工し、ぎりぎりバブル崩壊前の90年に完成する。立地は必ずしも良いと言えなかったが、タイミングが良かったことと、計画がユニークだったので事業的に成功することができた。

ホテルの運営者を探していたなか、シャングリ・ラホテルのオーナーを現地に案内したことがあった。野心的すぎる計画と言って乗らなかった。それから二十数年経って、現在は東京マリオットホテルが入っている。街を育てることの重要性を学んだプロジェクトであった。

2 城山ヒルズ　幹線道路に面さない超高層複合開発（1991年竣工）

民間事業による大街区開発

大街区を第三のビジネス都心にするにあたって、尾根から西側のスタートプロジェクトはアークヒルズであった。それに対して、東側のスタートプロジェクトが城山ヒルズ（現：城山ガーデン）である。城山ヒルズは、超高層のオフィス、高級賃貸住宅、日経電波会館（元：テレビ東京本社）、駐日スウェーデン大使館などからなる複合開発である。法定再開発[注3]によらなくても、民間の力で面的複合開発を実現できたことがその後の民間開発の誘因になった。

もともと、東京都の都市計画用途・容積（ゾーニング）の見直し時に、アークヒルズ側は再開発の話があるため先送りになった。それに対して、城山ヒルズ側はゾーニングが住居地域、第2種住居専用地域から商業地域、容積500％に変更された。大規模土地所有者が多く、必要な道路整備、緑道整備は、民間が開発するときに義務づけるという考えであった。

城山ヒルズでは、その面的整備のなかで、広場、緑道、道路拡幅等の整備を行った。このように、民間開発でも確実に公的整備を義務づけて、それをつなげていけば地域の整備になると、考えられるようになった。

城山ヒルズの開発での最大の障害は、敷地の中央部にL字型に入り込んだ区道の存在であった。様々な面で港区との交渉が行われたが、最終的に区は民間企業には払い下げず、区道に面している元の地主に払い下げる方針を出した。一挙に解決すべく、デベロッパーも入れた関係者が区に集まり、夜を徹して協議した。その結果、区道は元の地主に払い下げられ、その購入費用を関係する各デベロッパーが負担することになった。修羅場化した協議の場が思い出される。

前面道路の拡幅については目途が付いたが、仙石山と間の緑道整備の見通しは付いていなかった。まず、神谷町側の隣の秀和[注4]が協力せず、単独で確認を出し工事を始めていた。そんななか、その工事の杭打機がたまたま森ビルの敷地に倒れたのである。この機を利用して秀和側と交渉し、エリア全体を貫通する歩行者用の緑道を将来建設することに協力を取り付けた。さらに尾根道側には専売

注3　法定再開発
都市再開発法に基づく市街地再開発をいう。市街地再開発法では、権利変換方式である第1種再開発と主に行政等が行う収用方式の第2種再開発事業に分かれる。アークヒルズは、第1種市街地再開発事業で、城山ヒルズではこの制度を利用しなかった。

注4　秀和株式会社
同社は、マンションやオフィスビルを建設、またバブル期には日本国外で不動産・流通関係への投資も活発に行っていた。神谷町の城山ヒルズ隣接地に横長のビルを、芝公園に「軍艦ビル」と呼ばれる巨大な横長のビルを建設。しかしながら、その後は経営に行き詰まり、2005年にアメリカの投資銀行に買収されて消滅した。（Wikipeciaより）

公社の総裁公邸とスウェーデン大使館があり、それらを取り込まないと緑道は貫通しない。最終的には両者とも共同開発に参加し、実現に至った。これにより、神谷町駅から尾根道までの歩行者空間が整備できたのである（付図3）。

城山ヒルズの実現の目途が立ったのは、アークヒルズが成功裡に完成した1980年代の後半。今思えば、バブルが始まった頃のことだった。その頃の感覚では、容積が増えれば地価が上がる。民間の力でインフラ整備しても成り立つと考えられていた。大街区のなかの大手企業、デベロッパーが集まって開発協議会をつくり、学識経験者も入れたインフラ整備、土地利用の方針を検討する研究会を立ち上げた。かなり真剣に研究が進んだが、90年代に入りバブルが崩壊すると自然消滅した。しかし、協議会は残り、その後の各社の面的開発の調整の場として使われた。

もう一つの注目すべき動きが、港区における住宅付置制度の導入であった。事務所が次々と建ち、人口が減っていくことに区が危機感を持ち、オフィスビルを建てる場合、住宅の付置を義務づけるという条例をつくったのである。経済原理に反するとして反対するのか、区が開発に前向きになっていくと考えて受け入れるのかの選択を迫られた。各社とも後者を選択し、住宅の付いた事務所ビルの開発を積極的に進めた。

テレビ東京、日本たばこ、スウェーデン大使館等との折衝

大街区の開発に向けて、各方面との折衝が始まった。日本経済新聞は、その子会社のテレビ東京の本社とスタジオ用の広い土地を探していた。そこで、城山ヒルズの敷地の奥側の土地を割いて、分譲することにした。これによりある程度の資金回収はできたが、テレビ東京の建物の先行着工を認めなければならない。既存建物となるこの建物を含む一団地が認められないと、城山ヒルズは実

現できない。何とか認められて先行着工ができるようになり、日経電波会館は1985年末に竣工した。城山ヒルズは91年竣工である。

現在のJTは、当時、日本専売公社という国の機関であった。ちょうどその頃に民営化の動きが強くなり、総裁公邸の見直しも視野に入っていたようだった。しかし大変な官僚組織に対してどこから話をしたらよいのかわからなかった。このような組織の場合、民間との接点を担う半官的存在の人がいることが多い。そういうキーパーソンを見つけることができ、その後は比較的スムーズに話を進められた。たまたま民営化のタイミングと合致したこともあり、共同開発者になってくれた。

最大の難関と考えていたのが、スウェーデン大使館であった。当たって砕けろという精神で大使館に話にいった。すると、まんざらでもない様子だった。目の前でアークヒルズの工事が進んでいたことも良かったと思う。後でわかったことであるが、スウェーデンに留学したことのある鹿島建設の友人が建て替えの話を進めていたようだった。外交官は権威主義的な人が多いと思っていたが、大

城山ヒルズの緑道

使も柔軟な人で、本国ともよく連絡を取ってくれた。役所の建物を建設・管理する本国の役所の長官が担当責任者であったが、合理的に考える人で順調に話を進めることできた。

スウェーデン大使館の敷地を縦に三つに切り、真ん中の大きな土地は大使館の建て替え用地にする。両側の細長い土地は広場と緑道にして森ビルが所有するが、そこには建物を建てないという提案をした。しかも、価格は整形地並みにするという大使館に有利な条件であった。スウェーデンの国会で審議するとのことで心配していたが、合理的判断をしてくれた。スウェーデンにとっておいしい話だったようで、日本だけでなく、いくつかの国にあるスウェーデン大使館も建て替えたようだった。これが実現できたのも、日本のバブルが頂点だったからであろう。

実際のところ、一番難関だったのは小さな高級賃貸マンションのオーナーだった。大変プライドが高く、駆け引きにも強く、どうにも話が進まなかった。そのうち弁護士に依頼したとのことで、これで話ができると考えた。ところが、大間違いであった。森稔氏と一緒に大変な交渉をした。理屈は通らず、最後は妥協してまとめた。

日影規制とコンパクトな超高層ビルの設計

城山ヒルズは、日経電波会館の既存建物を含めた一団地の総合的設計制度[注5]と市街地住宅総合設計制度[注6]を組み合わせて、容積・斜線・高さの緩和を得た。しかし、敷地の外側の日影規制は残るため、その制限内に収めることが鍵となった。この手続きの際には、用途地域は第2種住居専用地域だったので、日影規制をクリアしなければならなかった。その後、隣接するプロジェクトとなる六本木ファーストビル（次節で詳述）の建設時には広く地区計画がかかり、用途は住居地域に変わり日影規制はなくなった。

注5　一団地の総合的設計制度
建築基準法では、通常一つの敷地に数棟を建築する場合は、それぞれの敷地ごとに敷地を分割しなければならない。ただし、土地の有効利用が阻害されることになるため、特定の要件を備えている場合には、特例として建築基準法第86条「一つの敷地とみなすこと等による制限の緩和」がある。

注6　市街地住宅総合設計制度
建築基準法の改正により「総合設計制度」が1970年に創設され、基準容積が150％から200％以内で緩和されたが、83年に住宅の割合が建築物の4分の1以上の場合さらに基準容積が、175％から300％以内で緩和されるようになった。

高層部を日影規制の角度内に収めるために直角2等辺3角形の平面とし、2等辺部分を矩形の事務所にし、底辺部分をコアにした（図1）。オフィスとして十分に機能し、有効率も高いオリジナルなプランで、入江三宅設計事務所の加藤吉人氏の力作である。

それ以外の低層部は、スウェーデン大使館も含めて高層部の日陰の中に収めている。特に大使館は日本の建築法規を理解して、その規制を利用してユニークで美しい形を生み出した。アイコンとして、地域価値の向上に一役買ってくれている。

その他には、緑道および広場づくりに力を入れた。利用者や地域の方々の憩いの場になるよう計画した。

完成時はバブル崩壊

幹線道路に面していない敷地に超高層ビルを建てたことは、大変価値あることであろう。大街区全体をビジネス都心にするという位置づけがあったから許されたのである。大変な開発利益が生まれたと思う。

しかし、建築工事の際はバブルの進行中で、建築コストが上昇していった。結果的に想定より高く付いた。しかも完成したのは1991年の末、バブル崩壊が始まっていて、テナント確保に苦労した。経済が良いときに着工し、心配ないと楽観していたときほど完成したときに厳しい現実に直面することを学んだ。不動産開発はタイミングに大きく影響されることを認識する必要がある。

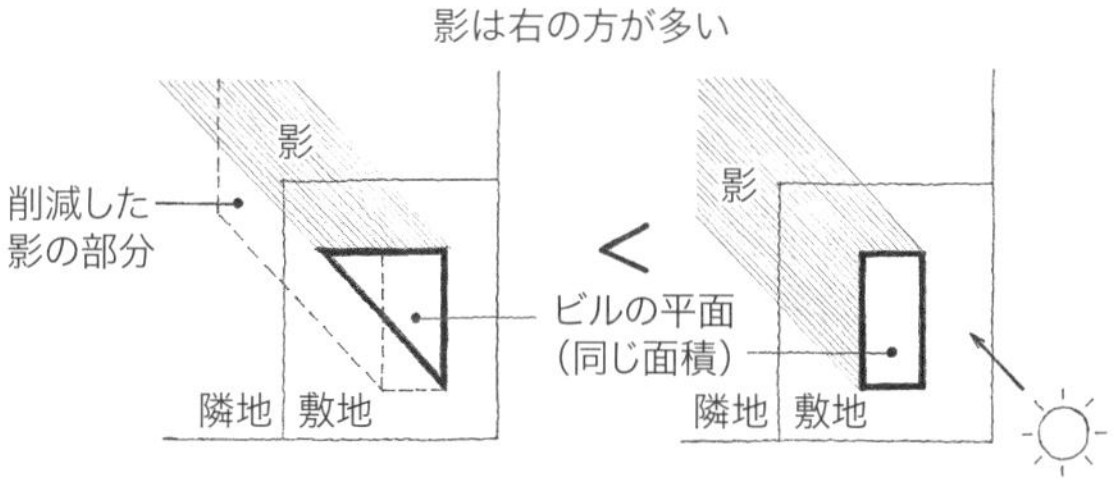

図1　高層部を日影規制の範囲内に納める工夫　図は、ビルを上部から見たもの。平面を四角から直角3角形にしたことにより隣地への日影を削減することができる。

3　六本木ファーストビル　バブルの頂点での入札物件（1993年竣工）

高値で落札した林野庁宿舎用地

六本木ファーストビルの敷地は、林野庁宿舎の跡地であった。バブルが頂点を迎えたと言われる1980年代末に、売却の入札がされた（第8章で詳述）。第2種住居専用地域で、容積300％の地区であった。当時、超高級分譲マンションの価格は坪2千万円を超えるような勢いがあった。本来なら応札するような時期ではなかったが、大街区のコンセプトに合わない、単なる豪華、絢爛たるマンションが建つのは好ましくない。防衛的入札をせざるを得ないと考え、協議会に参加している企業に声をかけた。住友不動産、八木通商、霊友会が応じてくれて、落札することできた。

都市整備公団のアフォーダブル住宅導入

落札後、複合開発にすべく行政に当たった。定住人口の確保が港区の基本政策なので、定住人口と言える公団賃貸住宅が出来れば、複合開発も考えられるとのことだった。まず、都市整備公団の参加をお願いした。そのうえで、公団も入れて地区計画の研究を進めた。地区計画をかけて用途と容積をコントロールする条件で、第2種住居専用地域を住居地域に変えることができた。ニューヨークやロンドンで行われているアフォーダブル住宅[注7]を付置する条件で、開発を認める政策を参考にしたのであろう。結果として、公団賃貸住宅を含むオフィス、民間賃貸住宅、展示ホールで構成される質の高い複合開発ができた。地域価値は向上したと思うが、かかったコストは莫大だった。それが良かったのか、疑問は残る。

その後しばらくして、バブルが崩壊した。マンション業者が落札していたら、事業はできなかっ

注7　アフォーダブル住宅
都市政策上、多様な世代、人種、所得階層の居住が可能なように政策的に支援を受けて計画される住宅。

六本木ファーストビル〈正面：オフィス棟、右端：住宅棟〉※

ただろう。そのうち安く手放さざるを得なくなったかもしれない。それから手に入れても遅くなかったであろう。しかし、当方もバブル崩壊で事業意欲が減退していたかもしれない。

丘の上の道路に面した事務所ビル

テナントの確保には大変苦労したが、結果としては良いテナントが付いた。各国大使館が連なるエンバシーロード（大使館通り：ホテルオークラ別館前の尾根道）沿いで、丘の上の質の高いオフィスビルの価値が認められたのであろう。この六本木ファーストビルの完成により、その後の大街区の第三のビジネス都心づくりに弾みが付いたように思う。

特に、この地区計画をかける際には、すでに着工していた城山から丘の上全体を対象にした。道路整備等その後の街づくりの方向性が示せたのは意味があったと思う。

六本木ファーストビルは１９９０年末に着工し、93年10月に竣工した。

デベロッパーが複数入って共同開発をするとき、意思決定をどのようにするかが一番難しい問題かもしれない。ちょうどこのとき、住友不動産と森ビルは二つの共同開発を進めていた。泉ガーデンとこの六本木ファーストビルである。泉ガーデンは住友不動産で、六本木ファーストビルは森ビルが意思決定することを最初に協定した。お互いにリスペクトしている（敬意を持っている）こともあり、スムーズに共同開発が進められた。

4　バブル期の不動産業界

地価高騰と銀行

バブルは気づかないうちに必ず繰り返すと言われている。バブル期には今から見ると、信じられない現象が起きた。いずれ参考になるかもしれないので、覚えている範囲でここに記しておきたい。

戦後の日本での土地の大きな下落は、オイルショックが最初であろう。その前から営業していた土地の売買仲介業者は1970年代の終わり頃から土地の値が動きだしても慎重な対応しかしなかった。買って、少し上がったら売るという手堅い商売をしていた。

ところが、80年代の前半頃から次の世代の若手が参入してきた。彼らはある程度土地を保有して、大きな値上がり益を得るようになってきた。それを見て、前の世代の業者も昔の夢をもう一度と、大きな値上がり益を狙うようになる。そうなると、買い手があるから買うのでなく、上がるから買うようになる。それをノンバンクや銀行が応援するので、うなぎ上りになる。バブル現象が起きたといえよう。このように考えると、バブルを直接体験しても世代間でその体験が引き継げないため、15年に1回くらいはバブルが起こるのだろう。

銀行は最初から不動産仲介業者に資金を貸すことはしないようである。まずはノンバンクに貸し、そこが仲介会社に貸すようだ。それが何回か成功すると、銀行が直接貸すようになる。業者も銀行が貸してくれるから強気になる。

銀行の営業マンも必死であった。銀行は不動産仲介料が取れないのに、地上げの手伝いをしてくれた。積極的に地主に声をかけ、デベロッパーに不動産を持ち込んだ。地主に入る土地代金の預金獲得で、銀行員としての成績を上げるためだった。

信託銀行は仲介料が取れるので直接的であった。銀行の応接室を複数使い、同じ不動産を次々に転売して、何回も手数料を稼いでいた。

また、銀行は、都心の地主に相続対策と称してオフィスビル建設を勧めた。資金を貸しては次々と鉛筆ビルを建てさせた。こうした物件は、バブル崩壊後もテナントが付かず、ビルのオーナーを苦しめることになった。

そして87年10月、ニューヨークのウォール街でブラックマンデーという株の急落事件が起きた。グローバル時代では、あっという間に世界が不景気になると言われていた。そのときは東京の地価は天井を打ったと感じていたが、世界的な景気の悪化を救うのは、景気の良い日本だと言われ、日本銀行は金融緩和を続けた。それを受けて、大阪等の地方の大都市の地価が上がるようになってきた。それで、東京も再び地価が上がりだした。

他業種が貸しビル業界に進出

貸しビル業界では、生命保険会社の参入が大きな影響を与えた。日本生命、住友生命、第一生命が大手の貸しビル所有者になってきた。住友生命は、全国の新幹線の主要な駅前に複数のビルを保有するようになった。１９９０年に横浜みなとみらい21の土地の入札があった。その前に横浜市にヒヤリングに行ったときに、担当部長は大手生命保険会社が大きな土地を欲しがっていて応募者の心配はしていないと豪語していた。

生命保険会社に続いて、一般の事業会社が貸しビル事業に参入してきた。工場は6年から7年で回収する計画で投資する。それに対して、貸しビルは回収に20年以上もかかるので、一般の事業会社は参入できないと考えられていた。ところが、家賃の値上げができることを知ると、値上げを前提にした事業計画をつくり、次々にビルを建てるようになった。

貸しビルのデベロッパーは家賃が上がると想定し、マスターリースをビジネスにするようになった。ハイリスクかもしれないが、投資なしに借り上げ差益を得られる。その利益率の高さは魅力があった。しかし、バブルの崩壊後、家賃が大きく下がり、逆ザヤになった。それが訴訟等の大騒ぎを起こすことにもなった。

バブル退治

ブラックマンデー後、日本銀行は公定歩合を2・5％に下げ、金融緩和を強化した。地価の高騰は続き、それに対する批判も高まった。株価はＮＴＴ株の公開がブームになり、１９８９年末には日経平均株価３万８９００円という高値を付けた。

89年頃から過熱批判に応えるために、公定歩合を上げ始めた。また初めて消費税も導入された。後で考えればこの二つが引き金になったのであろう。90年から株の暴落が始まった。

90年になると、大蔵省銀行局長が不動産向け融資の総量規制を通達し、不動産への融資規制を始め、日本銀行は公定歩合を6・0％まで上げた。日本銀行総裁の三重野康氏は「平成の鬼平」と言われ、称賛された。

ＮＨＫは、このままの地価が続くとサラリーマンは家を持てなくなると、公開番組で大キャンペーンを行った。規制好きの官庁の人々を元気にさせたと思う。

株価は公開市場で常に取り引きされているので、反応は早く、91年には半値の2万円を切るようになった。不動産は価格が下がったことが表に出にくい。そのため不良債権が見えにくく、対策が遅れたのであろう。

92年には、経済通の宮沢喜一氏が総理大臣に就任した。彼はいずれ不動産の不良債権が大変になると考え、対策を検討していたようだが、政治的にも世論的にも味方はなく、先送りになった。その後、政権交代があり、細川、村山政権と続き、振り返られることはなかった。

96年には橋本政権が誕生したが、彼は行政改革に一生懸命であった。景気が一時的に回復したこともあり、97年に消費税の増税を行った。しかし同年に起きたアジア通貨危機の影響もあり、銀行、証券会社が破綻する金融危機が起きた。三洋証券、北海道拓殖銀行、山一証券が破綻した。同年、金融監督庁が財務省から分離され、発足する。金融再生法、金融早期健全化法が成立、日本長期信用銀行、日本債券信用銀行が公的管理になった。99年、金融早期健全化法に基づいて、大手銀行15行に7・5兆円の公的資金が資本注入された。その後、合併により、みずほ銀行、三井住友銀行が出来た。

5　バブル崩壊後の森ビル

経済戦略会議に森稔氏参加

橋本政権時に、不良債権化した不動産を放置すると大変なことになると考えていた参議院議員がいた。彼と民間企業と役人の有志で勉強会を開き、東京都心の地上げ跡地の活用の方策について研究が始められた。

それが政府の施策に取り入れられたのは、1998年に小渕政権になってからである。経済戦略会議が組織され、そこに森稔氏（当時：社長）が委員として選ばれた。稔氏は、IT戦略が主流のなか、都市再生を国の政策にすべきと強く主張した。稔氏は、前々から「アーバン・ニューディー

注8　都市再生本部
2001年「緊急経済対策」（経済対策閣僚会議）において、環境、防災、国際化等の観点から都市の再生を目的に発足。21世紀型都市再生プロジェクトの推進や土地の有効利用等都市の再生に関する施策を総合的かつ強力に推進するため、内閣総理大臣を本部長、関係大臣を本部員として内閣に設置された。（内閣府HPより）

注9　都市再生特別措置法
都市再生本部、都市再生緊急整備地区等の設置、措置を定めた法律。

ル政策」という都市部、特に東京を活性化することが日本経済を活性化するという提言を冊子にまとめて、持論としていたのである。長い議論の末それが認められ、都市再生本部[注8]の設立、都市再生特別措置法[注9]の制定につながった。

また、その少し前に不良債権処理に欠かせないSPC法[注10]も制定された。SPC法の制定の背景には、外資系金融機関のロビー活動が相当あったのであろう。その頃から銀行の不良債権を目当てにしたファンドが次々に日本に進出してきた。今や観光立国論で有名になったデービッド・アトキンソン氏は、その頃ゴールドマン・サックスのアナリストで、日本の不良債権は約100兆円あると分析し、物議を醸していた。実際にそのくらいあったのである。

小泉政権の都市再生特別措置法制定

2001年に小泉政権が誕生し、都市再生法が施行された。また、竹中平蔵大臣を中心に不良債権処理が始まった。銀行に公的資金を注入し、積極的に不良債権処理が進められた。

外資系のファンドは不良債権を銀行から極端に安く買い、その不動産をバリューアップ（価値向上）した。そこでは、改装等お化粧をし、テナントを入れて高く売る転売ビジネスが展開された。日本の銀行にとっては、大きな損失の出る不良債権を安く売るには相手が外資系のほうが説明しやすかったのであろう。

大変な荒療治をしたので、2003年まで株価は下がり続けていた。その年に六本木ヒルズがオープンし、少しは経済も元気になり、株価も反転した。2004年には地価も上がり始めた。それに乗じて、外資系ファンドはバリューアップして転売し、大いに稼いだ。

多くの企業がバブルにまみれ、その後始末に汲々としているなか、森ビルはその必要はなかった。

注10　SPC法
「資産の流動化に関する法律」の略称で、特定目的会社または信託が不動産などの資産を保有・運用し、その収益を裏付けとして証券や信託受益権を発行する場合の手続きやルールを定めた法律。これにより資産が流動化されやすくなることを目的としている。三菱地所の住まいリレーHPより）

注11　REIT
REIT（不動産投資信託）という仕組みはアメリカで生まれ、「Real Estate Investment Trust」の略でREITと呼ばれている。日本では頭にJAPANの「J」を付けて「J-REIT」と呼ばれる。J-REITは、投資家から集めた資金で、オフィスビルや商業施設、マンションなど複数の不動産などを購入し、その賃貸収入や売買益を投資家に分配する金融商品。不動産に投資を行うが、法律上は投資信託の一種である。

バブル時代、プロジェクトを進めるために高く土地を買わざるを得なかったが、バブルが崩壊してもそれはプロジェクト用地なので処分する必要はなかった。「儲けるより、結果として儲かる」という森泰吉郎氏の精神が浸透していた。土地が上がっていても、転売で利益を出すという発想がなかったからであろう。

家賃が上がっていたので、サブリースをビジネスにした大手も多かった。森ビルは共同建築者の賃貸床は以前から借り上げていたが、第三者からのサブリースビジネスはほとんどしていなかった。それゆえ、家賃は下落したが、逆ザヤは少なかった。

バブルの頂点の１９９０年に、横浜みなとみらい21と東京臨海副都心の入札があったが、幸運にも当選したのは東京臨海副都心の10年間の短期借地だけだった。巨大な投資を義務づけられることはなく済んだ。

一方、六本木ヒルズ、愛宕グリーンヒルズ、元麻布ヒルズ、いずれのプロジェクトにも取り組んでいたが、幸い大きな投資をする段階まで進んでいなかった。そこで、粛々とプロジェクトを進めることにした。

バブル崩壊の後始末をしなくてもよい状況だったため、ＳＰＣ法、ＲＥＩＴ[注11]（日本版不動産投資信託）、ストラクチャードファイナンス[注12]という新しい資金調達の仕組みが出来たことに、鈍感だったかもしれない。公的資金の注入による監督官庁の指導、ＢＩＳ規制[注13]によって、銀行が大変革を迫られていることに対して切実感が足りなかったようにも思う。その後、プロジェクトが進んだ時の資金調達に苦労することになった。不動産と金融が融合する新しい時代への認識が薄かったのだろう。

注12　ストラクチャードファイナンス
何らかの仕組みを構築して行うファイナンスの手法。取引上の仕組みを工夫することで新たな金融商品を生み、資金調達者と提供者を仲介するファイナンススキームのこと。

注13　ＢＩＳ規制
ＢＩＳ（Bank for International Settlements＝国際決済銀行）の常設事務局であるバーゼル銀行監督委員会で合意された、銀行の自己資本比率規制のこと。銀行の自己資本を分子、リスクの大きさを分母とする比率（自己資本比率）が国際的に活動する銀行には８％以上であることを求めた。「バーゼル合意」とも言う。（野村證券ＨＰより）

5

バーティカル・ガーデンシティの都市像構築

愛宕グリーンヒルズ〈右：オフィス棟、左：住宅棟、中央足元：青松寺〉※

1　バーティカル・ガーデンシティの構想

オスマンに習い、ハワードとコルビジェを組み合わせて

バーティカル・ガーデンシティ（立体緑園都市）の都市像は、21世紀の東京の都心像を研究するなかで生まれてきた。もともとアークヒルズでオフィス、ホテル、住宅と4棟の超高層を建て、地下にテレビ朝日のスタジオやサントリーホールを配置することにより、屋上や周辺敷地を緑化し、都心とは思えない自然環境を提供できたことが、プロトタイプとなっている。

19世紀のパリでは、ジョルジュ・オスマンの都市計画[注1]により、広場を中心に中層の建物が放射状に配置された。オスマンが都市改造する以前のパリは、狭い街路と日当たりのない建物が密集していた。オスマンは、広い街路と連携する街路の設計を行い、建物には1階に商店、2階に事務所、中層階に住宅をつくり、規則性を持った街づくりをしたため、理想的な景観が生まれ、その手法は当時のヨーロッパ各地に広がっていった。

20世紀に入り、ニューヨークのマンハッタンでは、超高層の建物を中心とするスカイスクレイパーが形成され、セントラルパークのような緑地と集中したオフィス機能が、アメリカの経済発展の象徴となっていった。現代は、アジアの勃興が目を見張るものとなり、新しい時代にふさわしい都市像が求められている。その答えとして森ビルが提案し、実現したのが、バーティカル・ガーデンシティである。かつてエベネザー・ハワード[注2]が夢見て実現を試みた「ガーデンシティ」とル・コルビュジエ[注3]が都市の理想像とした垂直都市のそれぞれの良い所を併せ持つようにと命名したのである。本章では、森ビルの都市像が形づくられていく過程を、二つのプロジェクトを振り返りながら見ていきたい。

注1　ジョルジュ・オスマン　1809年〜1891年。19世紀フランスの政治家。皇帝ナポレオン三世とともにパリ市街の改造計画を推進した。この都市改造はフランスの近代化に大きく貢献し、現在のパリ市街の原型ともなった。（Wikipediaより）

注2　エベネザー・ハワード　1850年〜1928年。産業革命により環境悪化したロンドンから出て職住一体の「田園都市論」を唱えた。自然との共生、都市の自律性を提示し、ニュータウン計画などその後の近代都市計画に多くの影響を与える。

2 愛宕グリーンヒルズ　プロトタイプとして（2001年竣工）

地主、青松寺との出会い

青松《せいしょう》寺《じ》との出会いは、アークヒルズが完成した1986年の秋に最初の協定書を調印しているので、その2、3年前のことだと思う。森ビルは青松寺の門前に土地を借りて、新入社員のための寮を保有し、新人研修の一つとして座禅研修をお願いしていた。その縁で、あるデベロッパーが開発の呼びかけをしているとの情報が、青松寺からあった。当社なら何ができるか、急いで検討し住職を訪ねた。喜美候部《きみこうべ》継宗《けいしゅう》という名の立派な体格の威厳のある方丈さん[注4]であった。

お寺の門の左右の門前地区の道路沿道は商業地域で防火地区に指定されている。借地人がビルを建てるのを止めることはできない。このままではビルが建ち並び、お寺が表通りから見えなくなると話した。「なるほど、お寺が文房具屋になってしまう。鉛筆ビルが並んで」と言われた。そこで、借地人の取りまとめを森ビルに任せてほしい。そこには高いビルが建つことになるが、現在30mの門前の間隔を100mくらいに広げ、お寺の伽藍全体が表通りから見えるようにしませんかと提案した。

方丈さんは、基本的にこの考え方を気に入ってくれた。お寺の弁護士、税理士、方丈の長男の副住職を交えて、様々な決めるべき条件について協議した。そのうえで、基本協定にまとめ上げることにした。

宗教法人、学校法人のような公益法人は、責任役員1人で物事を決めることはできない。宗教法人法上、個々のお寺は独立しているが、原則として財産の処分は本山の承認が必要になっている。また、青松寺は世襲寺でなく、住職は本山の承認なしに任命できない、由緒ある寺であった。

注3　ル・コルビュジエ
1887年〜1965年。スイスで生まれ、フランスで主に活躍した建築家、芸術家。モダニズム建築の巨匠と言われ、鉄筋コンクリートを利用し、装飾のない合理性を信条としたモダニズム建築の提唱者となる。サヴォア邸、ロンシャンの礼拝堂、日本の国立西洋美術館などの建築を生むが、超高層と立体交差を柱とする合理的な都市計画像「パリ大改造計画」がパリ万国博覧会（1925年）に展示され、新しい都市像として影響を与える。森稔は、コルビュジェの『輝ける都市』を読み、自らの仕事への目標としてきた。

注4　方丈さん
曹洞宗では住職のことを方丈と言う。

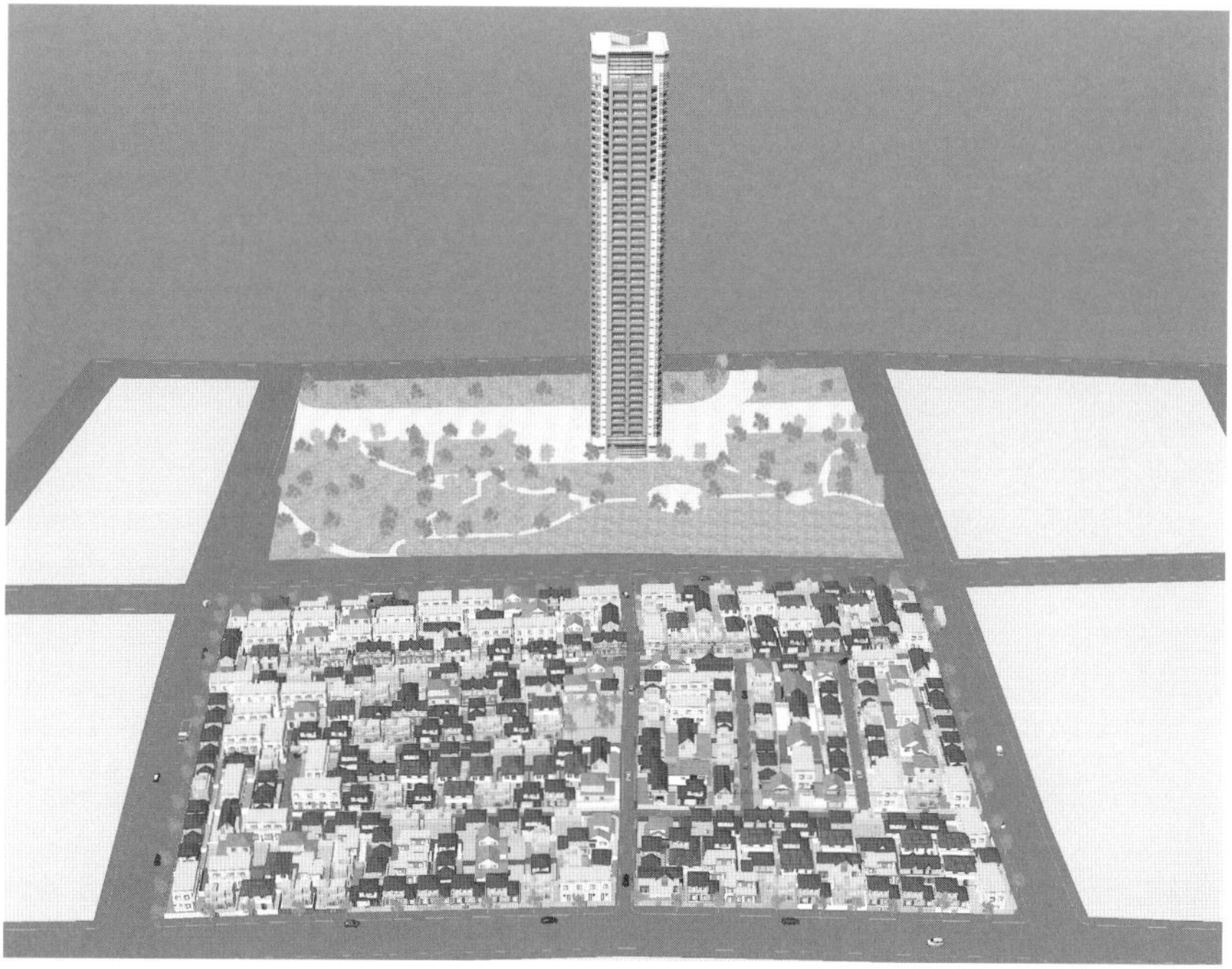

図1　バーティカル・ガーデンシティの考え方　3ha の敷地に敷地面積 100㎡、床面積 100㎡の 1 戸建て 300 戸を建設するところを、1 棟の超高層マンションに収容することで、敷地の 97%を広場や緑地にすることができるという発想である。上の写真は、そのコンセプト模型で、下図はイメージをイラストにしたものである。複数のビル群の足元は、緑にして、さらにその地下部分に文化や賑わい、交通施設などを入れて立体的に街をつくる構想イメージである。

本山からも一目置かれている力ある住職だから、このような決断ができたのであろう。このような法人を相手にするときには、力ある責任役員かを見極める必要がある。

まず、70人ほどの借地人をまとめない限り始まらない。10年の期間を決めて森ビルに一任してもらうことにした。その条件で、基本的開発の方向を定めた基本協定を、お寺の責任役員会の議決を経て固めることになった。

森泰吉郎氏と方丈さん

1986年の秋、その春に完成したアークヒルズの見えるホテルオークラ東京別館のレストランで、方丈さんと森泰吉郎氏（当時：社長）が極楽浄土をつくることを目指して、調印、乾杯したことを覚えている。

この基本協定の履行と計画づくりのため、青松寺に銀行、都市計画の専門家、弁護士、税理士、学者が入った委員会がつくられた。透明性のある意思決定の過程を残す意図があったのであろう。森ビルの様々な提案は、この委員会の承認を得ながら進んだ。公益法人として間違いのないプロセスが求められた。

そのなかでも方丈さんは大人物であったので、対応が大変であった。何が理由だかわからないが、私は怒られた記憶はほとんどなかった。一方で、私の部下はよく怒られていた。一番怒られていたのは、方丈の身の回りの世話をしている若い僧侶の小林昌道氏だった。

可哀想だと思っていたが、その後、小林氏は大本山永平寺の役寮《やくりょう》[注5]になり、トントン拍子に出世した。今や50代で永平寺の寺務全般を取り仕切る監院《かんにん》になっている。怒られ役、褒められ役が必要なのかもしれない。褒められている人はその理由を考えないが、叱られている人は考える。それが

注5　役寮
修行僧を指導する老師。

学習になり立派な人間に成長するのであろう。

借地人への対応

一般の借地人に対しては、地代の交渉をしていた弁護士の協力を得て、社員が分担して対応した。人数が多いし、それぞれ固有の事情を抱えている。一人一人に応えていかなければならないので、大変で時間もかかった。ここに残りたいと言われると、対応が難しい。心配していたが、最終的にはいなかった。一般的に、日本の借地法では借地人が強いが、いざ建て替えや第三者に売るときには地主が強くなる。借地人はよくそのことを感じていて、最終的には完全な所有権のある土地を望んで、徐々に転出の流れができてきた。

借地人以外に、前の住職が売ってしまった土地の所有権者が2、3人いて、その土地はあるデベロッパーに売られていた。難しいと覚悟していたところ、元森ビル社員の不動産業者が間に入ってくれて、当社の代替ビル用地と交換することができた。この部分が手に入らなかったらタワーは1本しか建てられなかったところであった。

借地人で唯一残したかったのが、精進料理の料亭「醍醐」であった。青松寺の門前に位置し、雰囲気が良く、料理もおいしいと評判で、贔屓客の付いた店である。青松寺という禅寺に欠かせない店とも言えた。何とか開発の中に残せないか、模索が続いた。女将さんがしっかりしていて、交渉も上手で、条件も整理することができた。

愛宕下通りから青松寺を望む

その条件を実現する計画、設計が難題であった。雰囲気が大事なので、青松寺側に入口が必要になること、客室はすべて日本庭園に面していること、内装は完全に日本家屋であることが求められた。しかも、お客の多くは黒塗りの車で来る。雨に濡れない車寄せや駐車場も必要とのことだった。

そこで、住宅タワーの2階に客室を配置した。1階に車寄せをつくり、黒塗り車のお客はそこからエレベーターで2階のメイン玄関へ行く。その玄関は青松寺の境内の石段を上がって「醍醐」の庭側から入るようになっている。客室はすべて人工地盤上につくった日本庭園に面することができた。お客は住宅タワーの2階だと感じることなく、雰囲気と料理を楽しむことができたようだ。

個性的な権利者との交渉

街づくりとして魅力的な街区にするために取り込むべき隣地に、大変難しい三者三様の地権者が存在した。

まずは北隣のお寺、伝叟院《でんそういん》である。青松寺と同じ曹洞宗のお寺なので、すぐにコミュニケーションが取れると考えていた。しかし、よく調べると大変なことがわかった。同じ曹洞宗でも、青松寺は永平寺系、伝叟院は総持寺系のお寺であった。同じ宗派ではあるが、それぞれに格式があり別の宗門になる。

しかも、伝叟院は小さいお寺ではあるが、本山総持寺の東京別院であった。かつ、曹洞宗の政治部門を担う宗務庁の宿舎でもあった。宗務庁で会議があるときは全国から集まる幹部の宿泊所になっていた。また、お墓もあり檀家もいる普通のお寺でもあった。三つの役割のあるお寺であったが、住職は本山から派遣されていて、本山の意思決定が必要なのは檀家もよく知っていた。青松寺の住職に聞いても、知らないのか言いたくないのか、教えてくれなかった。ありとあらゆるルートを使って、伝叟院のことを決められるキーパーソンを探す必要があった。ずいぶん時間がかかったが、ある政治家の秘書の紹介で会うことができた。総持寺系の伊東盛熈氏という大変な高僧で、簡単には話を進められそうにない人物であった。

伝叟院は愛宕トンネル側の道に面しているが、表通りの愛宕下通りには面していない。敷地は変えないが、表側は広場にして、通りからお寺が見えるようにする。そのうえで、余った容積の空中権を活用して、お寺を建て替える案を提案した。魅力的な案と感じたようで、手ごたえがあったと思った。しかし、その後は進まず、ぐずぐずしていた。その後やめたと言っているという話が聞こえてきた。

そこで、伊東氏が住職になっていた静岡県袋井市の可睡斎《かすいさい》という大きなお寺を訪ねた。可睡斎というのは、徳川家康が今川家に人質に取られていた子供の頃に縁の出来た、可睡（居眠り）和尚ゆかりの寺である。

森ビル側の熱意が通じたのか、また重要人物として臆せず接したのが良かったのか、ようやく話を進めることができ、契約することになった。調印のときには、大本山総持寺の奥の院で、禅師さんに拝謁させていただいた。

次の大人物が明治座の三田社長である。三田氏は「田村」という料亭のオーナーでもあった。かつて、青松寺の南側の丘の上に料理屋があり、お寺から土地を借りていたとのことで、それが火事で焼けたのを買ったようだった。三田氏はそこに料理屋を建てようとしてお寺と裁判になったと言う。

その場所へは、お寺の境内地を通らないと行けない。お寺はそれをふさいだようで、やむを得ず境内地を通らず、丘に上がる道を開くことにした。もともと芝公園の丘と愛宕山の丘はつながっていた。その丘を切り開いて市電の通る道路がつくられていた。両側には切り通しの間知石《けんちいし》の擁壁がそびえていた。三田氏はまず、その擁壁の中段の土地を買ったのである。

その後、裁判で三田氏は負けて借地権は無いことになった。中段の土地は役に立たない土地になり、従業員の宿舎か何かに使っていた。三田氏と親しい建設会社の役員とともに、その土地を譲ってほしいとお願いした。さすが大人物、話はよく聞いてくれた。社会的に意義あるプロジェクトなので協力してほしいと訴えた。

何度もお伺いして状況を説明し、協力をお願いしたが、拒否するわけではないものの煮え切らない状態が続いた。プロジェクトがほぼまとまってきた頃を見計らって決めてくれた。さすが、決めるべきタイミングのわかった人だった。

同じ擁壁のもう一つの中段を所有していたのが、京都の絨毯屋であった。絨毯の製造・卸売を商売にしていたが、ペルシャ絨毯も扱っていた。当然、ペルシャ商人と切った張ったの駆け引きをしていたのであろう。たぶん、面白い土地があると言われ、そのままでは使えないが、いずれ誰かが買いにくるだろうと考えて買ったのだと思う。その立場に森ビルがなってしまった。

覚悟して、京都山科の本社に伺ったが、想像以上であった。大きな倉庫のような本社に伺うと、小柄な老人がペルシャ絨毯をチェックしていた。その人に社長にアポイントがあると言ったら、自分だとのことだった。奥の衝立しか仕切りのない社長の机の前で話をすることができた。

それからが大変だった。相手はペルシャ商人とやりあった百戦錬磨の交渉の達人、しかも近江商人でもあった。高度な商談が続いた。ようやく条件が詰まって、自宅に招かれて食事をご馳走になった。一件落着と考えたが、むしろそれからが大変だった。

条件が整い、契約書をつくるときに、条件を吊り上げる。また調印のときに再度吊り上げを言い出した。引き渡しのときにも言い出した。それでは裁判にかけるしかないと、明確に拒否して席を立った。それで、しばらくして取引ができた。代替地が決まっていたからであろう。この絨毯屋の横浜支店が完成したおりの祝賀会は、京都「一力亭」から芸子を呼んだ豪華なものであった。そこで私は祝辞を述べる機会を与えられたのだった。

計画づくりとシーザー・ペリ氏の設計

愛宕地区は大変規制の厳しい所である。厳しいから、歴史的、風致的環境が保たれてきたと言える。お寺の境内地はすっぽり芝公園の都市計画公園[注6]に指定されている。その周りには風致地区がかかっている。容積は中心が200%、その外側は400%、幹線道路沿いは600%と700%という地区であった。

まず、都市計画公園というものが大変な曲者である。本来、都市計画公園というものは、将来都が買い取って、都市公園として整備するために指定したはずである。ところが、都はそれを進める気がまったくない状態であった。それなら、都市計画公園内でも一定程度開発を認めるべきだが、その気もないスタンスであった。都市計画公園は、都市計画の技術官僚のテリトリーでなく、公園技術官僚の責任分野である。彼らがその気にならないと動かないというのが現実だった。

その謂われが問題であった。明治政府は先進国との不平等条約を改正するために、欧米並みの都市づくりを急いだ。道路等は本格的整備を進めたが、公園の整備に手を付ける余裕はなかった。廃仏毀釈[注7]の流れもあったのであろう、東京都心部の大きなお寺等を都市計画公園に指定し、東京にも大きな公園があると示したようだ。体裁だけでも整えたかったのだと考えられる。

愛宕グリーンヒルズプロジェクトの目的は、お寺の門前の貸し地部分だけを開発、整備すること

注6　都市計画公園
都市計画法に基づき、都市計画決定された施設をいう。指定権者は、都道府県知事、または市町村長で指定後は、都市計画管理になり、原則建築物等は自由には設置できなくなる。

注7　廃仏《はいぶつ》毀釈《きしゃく》
明治維新政府の神仏分離政策により引き起こされた仏教寺院の破壊等を言う。

ではない。お寺の伽藍も同時に整備し、それと調和する21世紀の門前をつくり出すことである。今のように、都市再生法や国家戦略特別区域法[注8]のない時代である。行政上の正当な手続きを見つけ、それを実現するのに大変な手間と時間がかかった。

都市計画公園内であるため、法定再開発事業はなじみにくい。またお寺が中心なので、土地の共有化を原則とする再開発は適合しにくい。強制権は使えず、全員同意で進めざるを得なかった。門前と調和する伽藍を整備したいので、境内地の開発を認めてほしいとお願いした。

経済活動としてそれを行うには、土地を最大限に活用する必要がある。境内地の余った容積を左右の門前に移転して、そこに建つビルなり住宅をできるだけ大きくし、その増えた価値でお寺の伽藍を整備しようと構想した。

このことが都市計画行政上認められるか、またお寺側として自分の権利が守られているのか、正当な対価を得ているかが問われることになる。鶏が先か、卵が先かの議論になる。行政とお寺を行ったり来たりしながら、両方の理解を得るべく奔走した。

本来なら、都市計画上の論理で地区計画づくりを進め、それがある程度固まってから建物のデザインに入るのが常道である。この場合は建物のデザインが計画の決め手と考えた。お寺の伽藍が表通りから見えるようにするためには、お寺の間口を30mから100mにしないといけない。それを実現するためには、タワー状のオフィスとレジデンスを建てることになる。背の高いビルが、お寺の伽藍や背景の愛宕山の景観、歴史とマッチすることが求められる。それを先に見せない限り、行政は進める気にならないと考えた。

まず、いつものように入江三宅設計事務所の加藤吉人氏にベーシックなプランをつくってもらった。それをもとに、世界からこの課題に応えられる建築家を選ぶことにした。

注8　国家戦略特別区域法
2013年、安倍政権下で制定される。「岩盤規制」改革の突破口にするためのもので、産業の国際競争力を強化する拠点づくりをする意図で制定された。

建築家の多くは、建物が建つ環境に合わせるのでなく、際立たせることを指向しているように思う。そんななか、ある建築雑誌でシーザー・ペリ[注9]氏の考え方を読むと、環境との関係を重視していることがわかった。そこで、ペリ氏の東京事務所の光井純[注10]氏に連絡して、ペリ氏に外装デザインをお願いしてみることにした。

最初のプレゼンテーションでびっくりした。通常、建築家はプレゼンテーションで自分のプランニングやデザインについてその良さを強く主張することが多い。それに対して、ペリ氏は、プランニングはクライアントの案を尊重し、タワーデザインのオルタナティブを数種類つくり、その模型もつくってきた。どの形でも良いので、クライアントの好きな形を選んでほしいとのことだった。本当のプロの建築家に巡り合ったと感じた。どの形が選ばれても、美しいデザインに仕上げられる力量があるのであろう。

以降、より質の高いデザイン、洗練されたデザインを目指して、何度もやり取りが行われた。ラフな形から洗練された形へと進化し、それに対応したマリオン[注11]がデザインされる。さらにディテールまで決まっていった。当然、加藤氏とも常に打ち合わせ、プランニングと整合させながら進めていった。

青松寺では、権利関係、経済条件等について専門家の入った委員会で長い協議が続いた。タワーのデザインについては、ペリ氏本人からお寺にプレゼンテーションすることになった。ペリ氏は、お寺の浄土を表現できるよう「蓮の花のつぼみ」の姿をモチーフにしてデザインしたと話した。即、承認されたのは言うまでもない。

問題は行政のほうだった。300分の1の詳細な模型をつくり、役所に持ち込んだ。都の幹部に話すと、皆「いいじゃないか」と言ってはくれるが、実際に進めてくれる人は出てこなかった。結

注9　シーザー・ペリ
1926年〜2019年。アメリカの建築家。「ペリ・クラーク・ペリ・アーキテクツ」代表。曲線を描くファサードの多用や金属素材の印象的な使用で、世界有数の超高層オフィスビルやランドマークとなる建築物の設計などを手がける。

注10　光井 純
1955年生まれ。建築家。東京大学建築学科卒、イエール大学建築大学院修士号を取得。米国のシーザー・ペリ&アソシエーツにてシニアアソシエーツとして勤務し、日本事務所を創立。現在は、光井純アンドアソシエーツと両社の代表を兼務。

注11　マリオン
外壁を構成するカーテンウォールにおいて窓し窓等を仕切る縦枠材の方立《ほうだて》。

局、都市計画公園の権限は公園技術官僚が持っていて、都の都市計画課長からは「建築の設計に都市計画を合わせることは原則に反する」と言われた。都市計画の理論から考えるとその通りかもしれないが、この場合の課題はデザインを重視すべきではないかと理解を求めた。最終的に、都市計画局の公園課長がこういうことに理解ある前向きな人に代わって初めて動きだした。

しかし、実際に細部を詰めていくと、敷地が2か所足りないことが明らかになった。日影規制や容積の積み上げの問題である。そこを入れなければペリ氏の美しいデザインが欠けてしまう。急いで該当地の二者と交渉することにした。

それは、北側の愛宕山の頂上にあるNHK放送会館と神谷町側の清岸院というお寺であった。幸いなことに、NHKには海老沢勝二氏という実力者がいて、森稔氏（当時：社長）と仲が良かった。また、清岸院は青松寺の関係のあるお寺で前からよく知っていたので、スムーズに話ができた。同じように余剰容積を活用して、NHKでは事務所棟の床を確保し、清岸院ではお寺を建て替えることにした。

ULIから日本初のアワード

青松寺の表向きの説明や交渉はお寺が組織した委員会で行われたが、それとは別に方丈さんとのコミュニケーションにも努めた。お坊さんは修行中は厳しい戒律のなかで生活するようだが、その後はお肉もお酒も楽しんでいる人が多いようだ。方丈さんもおいしい料理、お酒は大好きで、お付き合いして親交を深めることも重要だった。そこで学んだことも多い。

大方針が固まった後は、森ビルの建物については担当がしっかりしているし、一流の建設会社が工事するし、シーザー・ペリ事務所がチェックもするので、質の高い、美しい建物は間違いなく出来る。

心配だったのは、お寺の伽藍の再興だった。お寺の両側に建つ事務所と住宅のタワーはペリ氏設計の高品質の世界水準の建物になる。それに対応できる日本建築の水準の高さを示すことができるかである。残念なことに方丈さんは完成を見ずに他界されたが、息子の新方丈さんがこのことを十分に認識していた。

森ビルの担当者とコラボレーションして、計画をつくり、設計施工者を選択して、大変質の高い耐震、耐火の日本建築の伽藍をつくり上げた。また、造園も超一流の業者にお願いした。さらに山門の彫刻等は薮内佐斗司[注12]氏の作品である。

お寺という日本の伝統を象徴する建築と環境づくりと、グローバルに通用する最先端のオフィス、レジデンスの美しいタワーが結合して、イノベーションが起きたように思う。新しい地域価値を創造できたように感じている。

愛宕グリーンヒルズは地下鉄駅から少し離れた所にある。事務所の立地としては必ずしも良いとは言えない。しかし、芝公園という絶好の環境のなかにある。その環境を最大限に活かした開発ができたと思う。バーティカル・ガーデンシティのわかりやすいモデルにもなった。緑の環境、歴史的資源と超高層の現代建築が両立できることを示すことができた。

このプロジェクトは、2003年にアメリカの不動産開発のシンクタンクであるULIの「アワード・フォー・エクセレンス」に日本のプロジェクトとして初めて選ばれた。サンフランシスコのULI総会でアワードの栄誉を受けた感激は忘れられない。国際的にも認められたと言えよう。

愛宕グリーンヒルズを象徴する飲食店である「ゼックス」と「醍醐」は、オープン後十数年経っても続いている。この環境に適合しているからだと思う。今後虎ノ門ヒルズも大きくなって、愛宕

注12　薮内《やぶうち》佐斗司《さとし》
1953年生まれ。彫刻家。東京藝術大学大学院教授。主な野外彫刻に秋田県立近代美術館（秋田県）、童々広場、青松寺（東京）、横浜ビジネスパーク（神奈川県）、うるし蔵（石川県）、久万青銅之回廊、観音寺、四国中央市野外運動公園（愛媛県）、博多全日空ホテル（福岡県）、その他、全国多数。

とそれは一体化していくと思う。そうなってもこの個性を活かし、育ててもらいたい。

森稔氏のお墓もあり、この縁で大本山永平寺のお手伝いをすることにもなった。不思議な縁を感じる。また、永平寺町という地方の小さな町でも森ビルの街づくり思想が評価され、永平寺門前の街づくりに協力している。

3　元麻布ヒルズ　高級住宅地での挑戦（2002年竣工）

内井昭蔵氏、竹中工務店とのコラボレーション

麻布十番に善福寺という由緒あるお寺がある。浄土真宗のお寺であるが、もともとは平安時代に空海が開山したと言われている。幕末に日米修好通商条約に基づいて当寺院内に初代アメリカ公使館が設けられ、駐日大使のタウンゼント・ハリスが在留した。福沢諭吉も出入りしたようで、彼のお墓もある。

善福寺は傾斜地にあり、低い商店街側が門前である。そこに面して本堂があり、傾斜地にお墓が広がっている。その上の元麻布の台地はお寺の貸し地になっていて、十数件の借地人が住宅を建てて住んでいた。

1983年頃、ある人を介して、その底地を売りたいという話が来て、購入したのが始まりである。すぐに開発するあてもなく、借地人とのコミュニケーションに努めた。

80年代の後半になって、地価がかなり上がるようになると、借地権を手放す人も増えてきた。徐々に土地がまとまってきたが、まともな道もない所で、本格的な計画づくりはできなかった。

90年代半ば、バブル崩壊が明らかになった頃から、どういう開発が可能かという研究が始まった。

元麻布の最高級住宅地であり、規制も大変厳しい状況であった。
もともと、元麻布の丘の上は大邸宅街であった。それぞれに大きな庭を持った邸宅が並んでいた。それが大使館等に代わり、高級住宅地の独特の雰囲気を醸し出していた。しかし、80年代頃から相続等で細分化が始まり、瀟洒なマンションが建ち並ぶようになった。このまま行くと、マンションが建て詰まる街並みになると危惧も感じていた。

開発の方向は大きく二つに分かれた。一つは現状を追随し、１００坪、２００坪くらいに区画して、中低層のマンションを並べ、街並みの形成を図る。もう一つは、厳しい規制と想定される近隣の反対を乗り越えて、質の高い大型開発にチャレンジする道である。

土地が右肩上がりの時代であれば、前者のほうがリスクは少なく、反対も少ないので、早く建設ができる。確実に利益が見込まれるであろう。しかし、当時は完全にバブルが崩壊し、地価の反転は期待できない状況であった。リスクは大きいが、地域のイメージを変え、新しい価値を生み出さない限り、事業は成立しないと考えた。

敷地は、1ha以上にまとまりつつあった。大型開発の基本的考え方は、中央部にタワーマンションを建てる。その周りは広場なり緑地にして、近隣も含めて住民の憩いの場所にする。隣接地との間には、その街並みに合うように中低層のマンションを建てるという計画に整理された。

タワーマンション案は、当然ながら近隣の反対が強かった。丁寧に

元麻布ヒルズ配置図（出典：国土地理院地図を元に作成）

説明を繰り返した。行政にもその状況を正確に報告し続けた。敷地の北側にはお寺が二つあり、特別に対応した。また、敷地の正面は広場と低層マンションだったため抵抗感はなかったかもしれない。少なくとも、自分の土地の価値が下がるとは考えられなかったかもしれない。反対は強かったが、大運動にはならなかった。

この開発を実現するための最大の鍵は、善福寺の住職の理解と考えた。善福寺の本堂の真後ろにタワーが建つのである。善福寺の理解なしには行政も認めにくい。逆に住職が協力的であれば、反対運動は大きくなりにくい。善福寺への対応を最優先に考えた。

しかし、タワーマンションはお寺にとって大義はない。より親しくなり、人情味で理解を得るしかないと思われた。そこで、住職が信頼していて、森ビルも信頼している人に間に入ってもらった。もっぱらコミュニケーションに努めた。定期的に会食を続け、機嫌を損なわないように務めた。

当然、近隣からは反対運動が起きたが、住職と強い人間関係が築けたので、彼が反対運動に参加することは防げた。最終的には、お寺の土地を少し計画地に入れ、経済的なメリットを提供することができた。

先に述べたように、このままマンションの建て詰まり状態の地域になるより、高いタワーは1本建つが、まとまった広場・緑地をつくったほうが地域環境は良くなる。地域価値が上がると考えられた。しかし、それを実現するためには、この地域にふさわしいデザインのタワーでなければいけない。他に高い建物が建ちにくい地区である。タワーが建つと、当然目立つことになる。それが美しく、個性的で、多くの人に好まれる存在になれば、地域のシンボルになり、愛されるようになる。このタワーマンションはそのような存在にならないと意味がないと考えた。

住みやすく、しかもそのようなデザインができる可能性のある建築家として、内井昭蔵氏[注13]に設計

注13 内井《うちい》 昭蔵《しょうぞう》
1933年〜2002年。建築家。博士（工学）。早稲田大学大学院修士課程修了、菊竹清訓建築設計事務所入所。67年に内井昭蔵建築設計事務所を設立。主な作品に「桜台コートビレッジ」「北山本門寺客殿」「清澄寺祖師堂」「銀座対鶴館ビル」「身延山久遠寺宝蔵」「東京ＹＭＣＡ野辺山高原センター」「世田谷美術館」「熊本県テクノポリスセンター」「高円宮邸」「一宮市博物館」「蕗谷虹児記念館」など。

元麻布ヒルズ※

をお願いした。タワーマンションを設計するにあたって、規制上の障害は日影規制である。それによって、タワーの幅が制約を受ける。しかし、その幅は厳密には一定ではない。上のほうに行くと幅を広げることができるのだ。この規制を上手に使って、新しいタワーデザインにチャレンジしてくれた。

ミラノに、上部が下部より大きい有名なタワー住宅がある。それは、上から下までが細いタワーである。元麻布ヒルズは上部が太いタワーであり、人々から顰蹙《ひんしゅく》を買いかねない。内井氏は実に丁寧に、きめの細やかなデザインをして、完成した姿にしてくれた。

それだけでなく、縁辺部に周辺の街並みに合わせた質の高いデザインの中低層のマンションを配置した。ヒューマンスケールで、人の目線から見ても違和感のないデザインに仕上げられている。

建築の専門家から必ずしも高い評価はされていないようだが、間違いなく日本のタワーマンションの歴史をつくったと思える。後で述べるが、このマンションの価格の上昇がそのことを示している。

制度上は市街地住宅総合設計制度を使っている。本来なら広く地区計画をかけ、都市計画として位置づけるべきであろう。共同権利者もいて早く建設することも重要だったので、建築基準法の枠内で進めた。あまりにもチャレンジングな計画だったので、正攻法でなく、このようなやり方が正解だったかもしれない。城山ヒルズも総合設計で進め、人々の理解が進んだところで地区計画を広くかけた。

愛宕グリーンヒルズと違って、お寺の伽藍・境内地との関係が計画できなかったことは残念であった。青松寺のようにお寺と最初から一緒に進めた計画でなかったこと、計画地がお寺の門前でなく、墓地の先の裏山だったことで関連が付きにくかった。やむを得なかったと思うが、参道からタワーを見ると悔しい思いがする。

竹中工務店が設計施工者になり、免振装置を付けて、地震に強い高級マンションとして2002年に竣工した。同じ年にこのユニークなデザインを生み出した内井氏が他界された。誠に、残念なことだった。

完成後の評価

ベースは高級賃貸住宅として運営するが、新しい試みとして一部を分譲することにした。三井不動産販売の力を借りて、その値付けで販売した。

マンション価格は底値に近い状況であった。プロから見ると、その品質に対して割安と感じられたのであろう。大手不動産会社の役員が2戸も買ったのが、そのことを示している。

当時、分譲マンション価格は中古になったら、即10~20%も下がると言われていた。この元麻布ヒルズは、大部分が高級賃貸住宅で、管理の質が高いことで評判を呼んでいた。それが要因か、中古になっても、価格は下がらなかった。むしろ、相場の上昇傾向もあって、値上がりするマンションとして定着するようになった。

他にない立地、環境づくり、建物の質の高さ、アイデンティティのあるデザイン、管理運営の質の高さが評価されたのだと思う。リーマン・ショックの影響も大きく受けず、その後の高級マンションブームに乗って、当初の分譲価格の2倍、3倍の価格が付くようになった。価値あるビンテージマンションになったと言えよう。

近隣の方々も、犬の散歩に広場を利用したり、レストラン、スポーツジムを使ったりするようになってきた。開発に反対する運動が大きくなるのは、開発によって地域価値が下がり、自分の財産価値が下がるのではないかという恐怖心からだと考えられる。その意味では、元麻布ヒルズは地域価値を上げることに貢献できたと思う。

元麻布に住んだり、訪れたりする人にとって、元麻布ヒルズのタワーにはまだ違和感を持つ人がいるかもしれない。そういう人々にタワーが愛され、地域のシンボル的アイコンになればと願っている。

元麻布の「がま池」の名前はある程度知られているが、なかなか行けない。行ったとしても、現在ではマンションの敷地内になっていて、ほとんど見ることはできない。親しみのある存在にはなりにくい。それに対して、元麻布ヒルズはタワーなので、その存在は多くの人に確認されている。だが、そこへの道筋はわかりづらい。なかなか親近さを感じにくいのかもしれない。

元麻布ヒルズの南側に、元麻布の丘に登るメインの坂、仙台坂がある。今、その坂とヒルズの間の土地がまとまりつつあると聞いている。仙台坂に面して、ヒルズに向かって、何らかの一体性のある環境をつくり出してほしい。それがヒルズと調和する新しい魅力的な環境になれば、その雰囲気を楽しむ人も多く訪れるようになるであろう。ヒルズへの親近感を高めるそんな開発が望まれる。

善福寺の参道からタワーを見て違和感が生じるのは、お寺と元麻布ヒルズを一体のものとして見ているからかもしれない。仙台坂から元麻布ヒルズにかけて、一つの領域として感じられる魅力的な街並み、環境がつくられれば、それはタワーと一体化するだろう。そうなると、善福寺は門前と麻布十番商店街とが一体化した領域に感じられようになる。下町とお寺の日本的環境とグローバルな高級住宅街区が背中合わせに存在するという極めて東京的な状況になる。違和感がなくなる日が来ると期待したい。

6

六本木ヒルズⅠ
文化都心コンセプトの構築とコンセンサスづくり

六本木ヒルズ再開発前※

1　プロジェクトの沿革と社会的意義

六本木ヒルズは大変大きく多様で、20年ほどかかったプロジェクトである。まず、社会的変化とプロジェクトの大きな流れを私なりに描いてみた。さらに、このプロジェクトの社会的意義を私の考えで整理していく。そのうえで、長いプロセスを読むほうが、イメージが湧きやすいと感じたからである。

プロジェクトの沿革

このプロジェクトは、アークヒルズが1983年に着工した直後に、テレビ朝日からアークヒルズの中にその主要施設を入れられないかと問い合わせがあったことから始まった。このチャンスを活かして、テレビ朝日と共同で六本木の再開発に取り組むことにした。まずは、全国市街地再開発協会[注1]に委員会をセットしてもらい、この再開発の課題を整理した。そのうえで、再開発法の改正で出来た再開発誘導地区[注2]の指定に力を入れた。

アークヒルズが完成した86年、この地区は再開発誘導地区に指定された。それを機にテレビ朝日とともに、地元に再開発の呼びかけを始めた。五つに分かれた町会に対応した勉強会、協議会をつくり、準備組合の組成に向かって動きだした。同時に、プランニングづくりを始めた。主要施設のオフィス棟・テレビ朝日棟の配置、主要インフラの街路・通路の位置等を固めていった。一方、行政は地元が検討したプランを反映した基本計画調査、事業推進調査を進めていた。

後で考えると、80年代後半というバブルの成長のなかで、地元活動、計画づくりを進めていたのである。鈴木都政は都庁の新宿移転の次に、東京臨海副都心構想[注3]を進めていた。都心の大規模再開

注1　全国市街地再開発協会
市街地再開発事業を主に住宅地区の環境整備、密集市街地の整備、マンションの建て替えの円滑化、中心市街地等における居住機能の増進等に関する総合的な調査研究及び事業の推進を図ることにより公共の福祉の増進に寄与することを目的に、1969年に設立された社団法人で2013年公益社団法人に移行。（当該団体HPより）

注2　再開発誘導地区
都市再開発法に基づき、計画的な再開発が必要な市街地（1号市街地）の区域の中で、特に一体的に整備促進する地区を「再開発促進地区」（2号地区）と呼ぶが、そこまでには至らないが再開発を行うことが望ましく、効果が期待できる地区を「再開発誘導地区」という。

発には後ろ向きであったが、地元の活動、プロジェクトの都市計画上の意義に動かされた。91年には都庁が新宿に移転した。92年の末になって、都庁より建物を低くすることを条件に、用途・容積の都市計画の枠組みを認める方向が出された。

90年代に入ると、徐々にバブル崩壊が明らかになり、他の多くのプロジェクトは止まってしまった。また、93年1月に森泰吉郎氏（当時：社長）が他界した。かつ、テレビ朝日はデベロッパーの立場からは引くことになったが、このプロジェクトは推進され続けた。

しかし、環境は大きく変わってしまった。これまでの延長線上の計画はありえない。文化都心というコンセプトを、単にそれまでのトレンドで考えるのではなく、原点から見直すことにした。東京都心の21世紀のクオリティ・オブ・ライフについて根源的に考えた。そのうえで、環境・空間をデザインする建築家を用途別に選定した。異質な建築家同士がコラボレーションすることで、今までにないデザインが生まれることを期待した。同時に、多様な施設を原点からそのあり方を考え直し、最適な計画、運営者の選定を目指した。

97年にアジア通貨危機が起こり、日本も金融危機の様相になり、金融機関の破綻が連鎖し、再編成が始まった。そのような経済環境のなか、事業計画をつくるために建設会社の見積を取った。それが幸いしたのか、予算に余裕が出ていることがわかった。また、各施設について厳しい事業計画を立て、全体の計画にまとめていった。フィジカル（建築）の計画についても、「バーティカル・ガーデンシティ」という形で整理でき、自信を持つことができた。97年6月には組合設立の意思決定がされ、反対派対策を経て、98年6月に事業計画と組合設立が都から認可された。

98年にＳＰＣ法が制定され、不良債権処理の手段が出来た。また、ＩＴ企業のＩＰＯ（新規公開株）も盛んになり前向きの風も吹いてきた。そんななか、組合設立から一気に権利変換認可に流れ

注3　東京臨海副都心　東京臨海副都心は、東京都が策定した7番目の副都心であり、複数の特別区に跨がる442haのエリアである。全域が埋立地であり、東京都都市整備局と東京都港湾局が主に計画管理している。フジテレビ本社移転後、各種ホテル、オフィス、商業、エンターテイメント施設が多数建設されている。2002年には政令による都市再生緊急整備地域にも指定されている。

が向かう。全員同意ではないが、都は強制権利変換を認めてくれた。都市再生が国の政策になることも後押ししたのだと思う。2000年2月に認可され、4月には起工式が行われた。森稔氏（当時：社長）が参加した経済戦略会議で都市再生が国の成長戦略の一つになり、プロジェクトの評価も高まった。

最後の大きな課題はファイナンスであった。政策投資銀行を中心に、プロジェクトファイナンスの研究がなされた。2700億円の事業費のうち、1千億円はエクイティ[注4]（株主資本）、1700億円はデッド（借入）ということになった。森ビルは、収益ビルをSPC法等の活用を通して証券化し、機関投資家等に売ってエクイティの資金を調達した。2001年には小泉政権が誕生し、本格的に不良債権処理も始まった。工事と同時にオープン後の各施設の運営方法、体制づくりを進めた。同時に、タウンマネジメントの事業化を研究し、プロジェクトのプロモーション、ブランドづくりにもチャレンジした。また、「逃げ出すのでなく、逃げ込める街に」というコンセプトで、安全・安心な防災の街づくりにも力を入れた。

巨大な敷地における既存建物の解体と本体の建築工事がわずか3年で完成し、2003年4月のゴールデンウィーク前にオープンした。ちょうどその頃、株価は底を打ち、経済は少し明るさを見せ、六本木ヒルズは大変な賑わいになり、大ブームになった。新時代が始まったと感じたが、失われた20年はまだ続いていた。ただ、都市再生が国の政策として定着したのは間違いない。「均衡ある国土の発展」から、東京等の大都市では国際競争力の強化のため「都市再生」の推進が国土政策になった。

注4　エクイティ
株式資本など返済期限が定められていない資金。これに対し返済期限がある資金はデッドと呼ぶ。デッドには銀行借入や社債発行がある。

六本木ヒルズの社会的意義

六本木ヒルズの社会的意義について整理すると、以下のようになると思う。

①都市再生が国の政策になる。
②文化都心という文化を主題にした街づくりを民間ビジネスとして実現した。
③バーティカル・ガーデンシティという都市ヴィジョンが認められた。
④本格的プロジェクトファイナンスを日本で実現した。
⑤タウンマネジメントを民間ビジネスにした。
⑥逃げだす街でなく、逃げ込める街にするという防災概念を打ち出した。
⑦建築と街路を一体的に設計、建設する良さを示した。
⑧バブルにまみれず、失われた20年の真っ只中に完成した。
⑨民間デベロッパーの存在を示し、育てるきっかけになった。
⑩異質なものや人のコラボレーションが新しい価値を生み出すことを示した。
⑪コージェネレーション（熱電併給システム）の有効性を3・11で示した。
⑫地域ブランドをつくり上げることができた。
⑬20世紀のニューヨークのシンボル、ロックフェラーセンターに対し、21世紀の東京のシンボル的存在になってきている。

以上が、六本木ヒルズの社会的意義であるが、次にその誕生の軌跡を追っていきたい。

2　テレビ朝日との出会いと再開発課題の整理

テレビ朝日との出会い

１９８３年、再開発計画から十数年を経てアークヒルズはようやく着工にこぎ付けた。それからしばらくして、六本木のテレビ朝日から思いもよらない情報がもたらされた。テレビ放送局の心臓部と言われるマスターという送信機能のセンターは、20年ごとに更新しなければならない。ところが、六本木のテレビ朝日の敷地内を再開発して建てようとしたものの、できそうもない。アークヒルズが着工したと聞いたので、そのなかにマスター部分がつくれないか、至急検討してほしいとのことだった。

テレビ朝日の当時の副社長、田代喜久雄氏から、森ビルの森稔氏（当時：専務）に話があった。後にテレビ朝日社長になる田代氏は、朝日新聞時代に有楽町の本社跡地の再開発を指揮したようで、不動産開発の知識と経験を持っていた。早速、森稔氏の陣頭指揮で、工事に入っているアークヒルズ内にテレビ朝日の要求を満たすスペースを確保できるか、大急ぎで検討することになった。

アークヒルズは高低差が20ｍほどあり、段々畑状に広場を配置している。その２段目の中央広場の下の階にまとまった商業施設を配置していた。その部分を中心に、テレビ朝日のマスター室、主なスタジオを押し込むことができた。たまたま低層建物であり、地下の掘削中だったため、工事に間に合うように設計することができた。

同時に、六本木のテレビ朝日の敷地は、テレビ朝日と森ビルの共同で再開発を行う基本方針が固まった。テレビ朝日の敷地の一部とアークヒルズのテレビ朝日の施設とで、その土地の持ち分を交換する方針も決めた。不動産開発は一に立地、二に経済環境のタイミングと言われている。しかし、立地を自分で選べる機会は少ない。第三者から来たチャンスを活かすことが重要になる。かなり無理をして相手の希望に応えたことが、将来の六本木ヒルズの成功につながることになる。

アークヒルズのテレビ朝日の施設と六本木のテレビ朝日の所有地の価値を比較することは、再開発の従前・従後の不動産価値の違いを考える好機と捉えた。六本木の土地は何もしていない従前の土地になる。アークヒルズのテレビ朝日の施設は、計画が認められて、着工された状態である。実現は確実であり、従後の価値になる。また、アークヒルズのテレビ朝日の施設の多くは地下に配置されているが、その公開スタジオはアークヒルズで一番良い場所である中央広場に面している。メインの入口もそこにある。大変価値のある場所であることを理解いただいたうえで、条件等を詰めることにした。

通常、法定再開発事業を目指して進める場合、まず行政が何らかの方法で再開発をすべき場所と位置づける。そのうえで、予算を取って基本調査等を行うのが普通である。

当時、港区議会では大企業の再開発に反対する勢力の発言権が強く、区として自分から再開発を進めるような話はできなかった。都の都市計画行政のほうは、鈴木都政の2期目に入り、少しは自信が付いてきていたが、自分の仕事は欲張っている民間デベロッパーの容積を下げることだと考えている幹部が多かった。都市再生は位置づけられておらず、積極的に推進することは期待できなかった。

そこで、たまたま前の住宅局長で実力者の松谷蒼一郎氏[注5]が全国市街地再開発協会の理事長をされていたので、そこにテレビ朝日と森ビルの共同で調査をお願いした。学識経験者、行政の関係者を含めた委員会を組織し、六本木六丁目の再開発調査、その課題、再開発の方向性等を検討してもらうことにしたのである。テレビ朝日、森ビルのスタッフも事務局に入って勉強した。詳しくは覚え

注5　松谷《まつたに》　蒼一郎《そういちろう》
1928年生まれ。東京大学工学部建築学科卒業。建設省入省。82年建設省住宅局長に就任。参議院議員（2期）、内閣官房副長官（小渕内閣）を歴任。

注6　高山《たかやま》　英華《えいか》
1910年〜1999年。都市計画家、建築家。東京大学工学部名誉教授。同大学都市工学科設立。都市工学の先駆者としてまちづくり事業に貢献し、都市計画分野に大きな足跡を残す。

注7　山田《やまだ》　正男《まさお》
1913年〜1995年。元東京都首都整備局長・建設局長、元首都高速道路公団総裁。東京都の道路計画の策定などに携わり、戦後の首都高速道路等の整備につくす。

ていないが、行政上の再開発の課題を整理することが主題であった。民間事業ということを考慮せずに、政治課題、行政課題を強調し、事業化できなくなることを避けたいと願っていた。

定住人口の確保と増加、毛利池地区の緑地の保存と増大、道路・下水等のインフラ整備等の常識的な課題が提示された。特に重要だったのが道路基盤の整備であった。消防自動車の入らない狭隘道路の解消であり、環状3号線と六本木通りへの平面接続であった(図1)。

環状3号線と六本木通りの平面接続は、都の道路行政の悲願というべきものであった。幹線街路の都市計画を検討したときは、当然計画することにしていたが、地元の反対で位置をずらした。それも反対されて、やむを得ずトンネルにしたようだった。この再開発で平面接続が実現できれば、意義のある筋のいい再開発と評価されることがわかった。

行政からの再開発の課題はほぼ整理されたが、どういう街をつくるかという議論は先送りされた。そうしたなかで、森ビルの内部では文化都心というコンセプトが温められた。

森記念財団に文化都心委員会設置、文化都心構想へ

アークヒルズの再開発の事業化の目途が付きつつあった1981年に、都市計画学会の重鎮の高山英華氏[注6]、都の都市計画を担っていた山田正男氏[注7]、建設省の住宅・都市行政を担っていた澤田光英氏[注8]、

図1　環状3号線　六本木通りを越えて行き止まりになっていた
(出典：森ビル提供の図を元に作成)

森泰吉郎氏（当時：社長）の4巨頭が発起人になり、森記念財団が設立された。この財団は主に東京の都市のあり方を研究することを目的としていた。

そのなかで、今後の東京都心の街づくりのコンセプトとして「文化都心」を掲げ、そのあり方を研究する委員会が、伊藤滋東大教授[注9]を中心に行われた。産業なり居住を主体に考えられていた都市計画を、文化を主題に捉え直そうというものである。政策のあり方、具体的なその街の姿を、数人の委員とともに研究した。その事例研究の地区として、まだ部分的にしか完成していない環状3号線の沿道地区を取り上げた。沿道には大型公園があり、歴史的・文化的資源が豊富で、東京の文化都心に最適と設定してみた。

文化都心の議論をするなかで最大の疑問は、果たして東京に文化を支える存在がいるかということだった。ヨーロッパの文化の担い手は貴族なり教会であった。それが国家に代わり、国、行政が文化を支えている。アメリカの場合は、経済発展のなかで成功した企業家が、その担い手、支え役をしている。ヨーロッパもアメリカも世界の文化をリードして、尊敬を集めている。

それに対し、日本では、政治、行政における文化への関心は低い。応援する政治家も少なく、予算が極端に少ない。一度は世界2位の経済大国になった国ではあるが、アメリカのような富豪は存在しない。そもそもパトロン文化、寄付文化が育っていない、担い手として期待を持てるのが、比較的多くのインテリが市井にいることである。もともと、サブカルチャーが日本では発展し、世界にも大きな影響を与えている。日本では、ハイカルチャー（既存の学問、アート、音楽などの文化）を支える多くのインテリが、東京の文化活動全体を支えることができるのではないかと想定してみた。それを「マスハイカルチャー」と表現した。

注8　澤田《さわだ》光英《みつふさ》
1921年〜2011年。1948年建設省入省、住宅局長を経て、日本住宅公団副総裁、日本建築センター理事長を歴任。

注9　伊藤《いとう》滋《しげる》
1931年生まれ。都市計画家。東京大学名誉教授、早稲田大学特命教授、慶應義塾大学大学院客員教授。伊藤滋都市計画事務所主宰。内閣官房都市再生戦略チーム座長、国土審議会、都市計画中央審議会委員を歴任。森記念財団会長（1999〜2012）、理事長（2012〜2015）。

行政折衝と再開発誘導地区指定

1967年から1979年の美濃部都政の間は、住民の反対運動に甘く、幹線道路の建設はもちろん、民間再開発も進めにくかった。79年に鈴木都政に代わり、少しずつ民間再開発を誘導する動きが、建設省の政策とともに動きだした。

80年に再開発法の改正が行われ、都市計画のなかに再開発をすべき地区を再開発促進地区に、それを誘導する地区を再開発誘導地区に自治体が指定できるようになった。アークヒルズの再開発時に、都が行った71年の適地調査に代わるものであった。

テレビ朝日と森ビルが六本木六丁目で再開発を進めようと内々で決めたのは、84年頃のことだった。世間にはプロジェクトの存在は知られていない。当然、都の第1次素案では、再開発促進地区はもちろん、再開発誘導地区にも入っていなかった。

そこで、東京都の担当課長の所に日参した。86年にアークヒルズが完成すると、六本木六丁目のテレビ朝日の土地約3haが空き地になる。都が何も位置づけていないと、民間が都合の良い開発案をつくることになる。都がせめて誘導地区に指定していれば、行政指導がしやすくなると、都の立場で指定の正当性を訴えた。

都として誘導地区の指定の必要性を判断し、86年の再開発方針を都市計画に定める際に六本木六丁目地区は再開発誘導地区に指定された。行政が積極的に関与せざるを得ない法定再開発事業では、行政上の位置づけは欠かせない。もし、ここで指定されていなかったら、その後の進捗はさらに遅れたに違いない。

3　地元活動を始める

テレビ朝日と共同で

　１９８５年10月にアークヒルズのテレビ朝日のスタジオが完成し、テレビ朝日の看板番組になる久米宏の「ニュースステーション」の放送がスタートした。86年には東京都が再開発方針を発表し、六本木六丁目が再開発誘導地区の一つに指定された。また、華々しくアークヒルズが全面オープンして、再開発に向けた機運が高まっていた。

　それを機に、テレビ朝日と森ビルは、共同して、地元に入って再開発の呼びかけを始めた。しかしスムーズには進まなかった。当時地上げが話題になり始め、それに間違われもした。テレビ朝日の土地が３分の１を占めているが、全体で10 haという広大な地域で、町会自治会が五つに分かれていることも障害になった。当然ながらコミュニティは異なり、再開発への関心度・理解度も大きく異なっている。そこで、テレビ朝日・森ビルチームも五つに分けて、それぞれに対応することにした。

　再開発への地元のコンセンサスを得るのにまず重要なことは、足並みを揃えることである。それぞれに事情が異なり、理解度の違う人の足並みを揃えることは簡単でない。だが、揃えない限り、ほぼ同時に建物を解体する再開発は実行できない宿命にある。足並みを揃えるには、遅い人に合わせる護送船団方式が有効である。そうすると、速い人から不満が起こる。このバランスを取りながら、徐々に足並みを揃えていく努力を重ねていった。

　特に有効だったのは、ミニコミ誌の発行である。地権者の方々と情報共有を徹底す

当時の六本木ヒルズのエリア（左、右）※

るために、月に2回発行し、全戸にテレビ朝日・森ビル社員が配布した。加えて、町会単位の説明会、見学会、個別説明を繰り返すことにより、徐々に理解度を高めていった。個別協議会から全体協議会に進み、全体の準備組合設立に向かって足場を固めていった。

森ビルのようなデベロッパーがいるときに有効なのは、待てない権利者に対して代替地を提供し、土地を譲ってもらう方法である。特に地価が想像以上に上がっているバブル期には、売る判断をする人が多くなる。それに対応することも、足並みを揃えるための重要な任務である。

足並みを揃えることと同時に、リーダーを発掘し、育成することも重要である。地権者との様々な会合をし、コミュニケーションを取りながら、人々から信頼されて、かつリーダーシップのある人材を見極めていった。六本木ヒルズの場合、原保さんという最適な人がおられた。江戸時代から続く金魚屋さんで、ここで生まれ育ち、温厚で人柄も良く、再開発の意識も高いほうであった。道路が狭く、住宅が密集している日ケ窪地区での火事を心配していた。消防自動車の入れないこの地区の改造を常に訴えていた。

テレビ朝日と森ビルは、共同して投資し、リスクを負って再開発を実現するよう協定を結んだ。一緒になって対外活動をすることにした。事前転出者の先買いについてもルールを決め、投資した分公平に配分が得られるよう取り決めもした。最初の課題は、それぞれにとって、その重要施設の配置が満足できるように決められるか、である。そこがある程度決まらなければプランニングができないからである。

テレビ朝日側は、競争相手に勝る理想的なスタジオ本社家屋を建てなくてはならない。一方、森ビル側は、賃貸事務所事業の柱になるような理想的な大規模オフィ

地元交渉の様子※

スビルを建てることが任務であった。このオフィスビルとテレビ朝日棟の位置、配置、その大きさの基本を決めることが急がれた。行政が進めている基本計画調査も、それが固まらないと、計画の骨格が決まらない。オフィスは超高層を望んでいるし、テレビ朝日棟は広大な平面の中層棟が望ましい。

再開発区域の北側の六本木通りのさらに北側に住居地域があり、そこに日影規制がある。また、西側、東側にもそれがある。自ずと超高層ビルの建つ位置は限られている。最大限の床面積を確保しようとすると、位置も大きさも固まってくる。

それが決まって、残りの土地の中で、広大な敷地が取れ、道路付きの良い敷地となると、その位置、大きさも自ずと決めることができた。大きな混乱もなく主要施設の配置、平面の大きさを決めることができたので、その後の計画づくりに大いに役立った。初動期は、景気も良かったこともあり、テレビ朝日と森ビルの関係は非常に良かったと言えよう。

主な地権者、ハリウッド化粧品、アルゼンチン大使公邸、乗泉寺

東京都の都市計画行政上の最大の課題は、環状3号線と六本木通りの平面接続であることはわかっていた。それが実現できるかどうかが、この再開発の成否に関わっている状況であった。その場合、その場所に位置しているハリウッド化粧品が大関門になる。環状3号線の都市計画なり整備を都が行ったときに、大反対したのがハリウッド化粧品だったのだろうと考えたからである。

後に、ハリウッド化粧品に聞くと、最初の都の案ではもっと六本木交差点に近い位置にあったが、反対が強く都が断念したという。そこで、環状3号線のルートを西側に変更して、ハリウッド化粧品の敷地の中を通ることになった。当然大反対したが、妥協の結果、ハリウッド化粧品の敷地の下

をトンネルで通ることになったとのことだった。

当時、オーナーの牛山清人氏は健在であり、メイ牛山氏も大活躍していた。決して彼らのプライドを傷つけないよう、慎重に話を進めた。徐々に信頼を得られるようになったうえで、このプロジェクトでのハリウッド化粧品の位置、美容サロン・美容学校の重要性を理解してもらった。この社会的意義の高いプロジェクトのリーダー的役割をお願いした。

美容学校の理事長をされている山中祥弘氏が森ビルとの窓口になっていたことが幸いしたのだと思う。山中氏はもともと中小企業への経営指導や融資の仕事をしていたようで、その関係で牛山氏の信認を得て、娘さんと結婚された方だった。合理的な話ができる方だったので、お互いの理解が進んだと思う。あるときから、再開発のリーダー的役割を担い、会合に学校のホールを貸してくれた。

六本木ヒルズの敷地の環状3号線沿いの麻布十番寄りに、アルゼンチン大使の公邸があった。日本の富豪の洋館をアルゼンチン政府が買い取って、大使公邸として使っていたのである。鬱蒼とした森で、中はうかがい知れない雰囲気であった。城山のスウェーデン大使館とはうまく話が進んでいるときだったので、正攻法で対応してみた。だが、国情が違い、なかなか核心にいくことはできなかった。ところが1987、1988年頃になって、売りそうだという話が出てきた。東京はバブル現象になっていて、地価が高騰していることを掴んだのであろう。当時、アルゼンチンではハイパーインフレになり、国の財政が危機にあることは聞いていた。

88年に国際入札することが公報された。大使公邸を売り、代わりの大使館・公邸を建てる敷地と、その建物を建てて提供するという入札であった。その差額を最大化したいというコンペである。国際入札なので誰が参加するかがわかりにくいが、必ず落札する必要があった。最強のメンバーづくりを考えた。森ビルがメジャーな投資をし、リーダーになる。テレビ朝日とそのコンサルタント的役割をしていた竹中工務店がマイナー投資することにして、共同入札の協定を結んだ。加えて、アルゼンチンに強い東京銀行（現：三菱ＵＦＪ銀行）と、スウェーデン大使館との交渉で役に立った三菱信託銀行にコンサルティングをお願いした。それに国際弁護士も入れたチームを組成して臨んだ。

大使館・公邸の代替地をいくつか選び、それぞれに建築案を検討し比較した。場所的に元麻布が最適と考え、そこを中心に建築計画を練った。そのうえで膨大な入札書類をつくらないといけない。スペイン帝国では行政書類づくりの厳密なルールができていて、その名残ですべての書類に現地の公証人役場のサインが必要であった。書類は９分どおり完成させ、後は現地で公証人のサインをもらい、完成させないといけない。89年の正月早々にブエノスアイレスに旅立った。10人ほどの派遣団が、それぞれ両手に書類を抱え、飛行機に乗った。

最後の数字は、東京の森稔氏（当時：専務）と連絡を取り合って決めることにしていた。スウェーデンとアルゼンチンの国情の違いは明らかであった。ブエノスアイレスに着くと、次々に仲介するという人物が訪ねてくる。適当にあしらっていたが、何が起こるかわからない。競争相手は４、５社あり、どれも日本企業が絡んでいるようだった。後で振り返ると、バブルの頂点であった。値決めが難しく、絶対勝てる数字を入れて、２位との差が大きければ非難されるし、コストが上がり事業化の足を引っ張ることになる。逆にギリギリの数字を入れて、わずかな差で負けたらもっと非難される。７割ぐらいの確率で勝てる数字を想定して応札した。

ブエノスアイレスは小パリと言われ、見た目には小綺麗な町だったが、実体は最悪であった。まず電気がない。日本の正月だったので、真夏であった。銀行等の大手企業は歩道に自家発電機を置いて冷房していたが、多くの事務所には冷房がなかった。我々も、暑いなか、下着姿で書類づくりをしていた。年1千%以上のハイパーインフレ、GDPはマイナスで当時の我々には信じられない経済状態であった。ラプラタ川のおかげで、大変豊かな平原が広がっていて、いくらでも食物が育つ。第1次・第2次世界大戦で欧州が戦地になっていると、食料をそこに輸出して、大変儲けることができた。ところが、戦後にバラマキ政治をして、人々は働かなくなり、貧しくなる。その繰り返しをやっているようだった。

当時の日本ではとても想像できない状況であったが、今や日本でも想像できるかもしれない。そんな苦労をして落札できたのだが、最も高い土地の買い物をしたことになった。また、89年の正月、1月7日に昭和天皇がご崩御され、昭和から平成の変わり目に、ブエノスアイレスの日本大使館に記帳に訪問したことは、忘れられない経験となった。

再開発区域のテレビ朝日通り側、六本木通りに近い所に小さなお堂があり、残りは駐車場になっている土地があった。お墓もなく、信者がお参りするお堂だけなので、いずれまとまると考えていた。その土地は、日蓮宗の本門仏立宗、乗泉寺の土地であった。乗泉寺は渋谷の代官山の高級住宅地の中に境内があり、谷口吉郎氏[注10]設計のモダンな伽藍を擁する信者の多いお寺である。この六本木の土地はもともとお寺があったところで、戦後に渋谷に移ったという由緒ある土地であった。

特に縁のない大きな宗教団体のキーパーソンを見つけることは難しい。仲介するという人が次々に出てくるが、本当に力のある人は少ない。本筋に行きつけないことのほうが多い。何度かの試行錯誤の後に、強いルートが見つかり、何とか再開発事業に間に合うようにまとめることができた。

行政と連携

アークヒルズの開発時は、港区役所も森ビルも法定再開発は初めてのことで、その連携はぎく

注10 谷口《たにぐち》吉郎《よしろう》
1904年〜1979年。建築家。東宮御所、帝国劇場の設計者、庭園研究者、東京工業大学教授。建築家、谷口吉生の父。

しゃくしていた。その反省のもと、都が再開発誘導地区に指定したこともあり、行政、特に港区と連携しながら進めることに努めた。

この再開発の行政上の課題としては、①容積アップに対応する街路等のインフラの整備、②毛利池とその周りの緑地の保存と整備、③定住人口の確保・増大、の3点が重要であった。それらを物理的に配置できるか、事業上成立できるかの検討から始めた。

重要なインフラとしては、二つあった。環状3号線と旧テレビ朝日通りを東西につなぐ地区幹線道路と、環状3号線と六本木通りの平面接続だった。平面接続のためには、環状3号線沿いの両側にランプの側道を付けなければならない。それに加えて、この敷地と六本木通りを直接つなげる進入路も必要である。幹線道路同士の平面接続に再開発敷地へのアクセス路を組み合わせるという複雑な道路にチャレンジすることになる。

東西の地区幹線道路が引かれると、自ずとゾーニングが明確になる。その南側が住宅ゾーンで、北側が商業ゾーンになる。住宅ゾーンには、住宅棟、タワー住宅が配置できる幅が必要になる。商業ゾーンには保存すべき池と緑地がある。また、テレビ朝日にとっては、広大な平面が必要なスタジオ本社棟が道路付けの良い所に配置できることが、絶対条件である。森ビルにとっては、主要な収益源になるはずの超高層の巨大オフィスビルが日影規制と航空法の高さ規制のなかで収まるかが鍵であった。何回も試行錯誤した結果、それぞれの配置が固まり、東西の地区幹線道路の大まかな位置と線形を引くことができた。

港区では1987年度に、基本計画調査を学識経験者で組織した委員会で検討していた。内部で検討した資料を参考に課題を整理して、88年に地元に発表した。区の報告は地権者に好意的に受け止められ、徐々に各町会、自治会で会合が開かれるようになった。名称は懇談会、協議会とばらばらであったが、再開発の仕組みの勉強、事例研究、見学会と再開発の知識は高まってきた。

区は89年度に基本計画をさらに進めるべく、事業推進計画調査を行ってくれた。事業化について、基本計画では、地区幹線の北側の商業ゾーンは法人権利者が多いので法定再開発とし、南側の住宅ゾーンは住民の方々が多いので、任意の事業で集合住宅をつくるように示唆されていた。住宅地側からは取り残されるのではないかとの心配の声が出ていた。

しかし事業推進計画は全面的に法定再開発をする方向で描かれていて、配置図も示されていた（図２）。具体的な再開発のイメージもできるようになったので、各地区の再開発議論は活性化してきた。港区も、この推進計画を活用して、地元の理解づくりに努めてくれた。区の説明会では、これ以上進めるためには、行政への地元の窓口を一本化する必要があるとの話も出てきた。全体協議会をつくる動きも進み、90年春に結成できた。さらに行政からは、用途・容積等の具体的な協議を行政と行うためには準備組合の組成が欠かせないとの声が出て、一気にそこに向かって動きだした。

バブル崩壊の始まりと言われる90年の年末に、準備組合の設立総会が鳥居坂の国際文化会館で開催された。森泰吉郎氏は車椅子で出席し、「地域の皆さんと心と心が相通じ合う信頼関係を大事にして、最後の笑顔のために頑張ります」と挨拶された。

当時、再開発の完成目標は地下鉄12号線（大江戸線）の完成予定の96年としていた。実際には大江戸線の開通は２００２年、六本木ヒルズの

図２　モデルプラン（森ビル HP 掲載の「六本木六丁目地区再開発基本計画報告書」より加工）

オープンは2003年と双方とも大きく遅れたが、地下鉄の開通に続くことができた。ただ、当時12号線の六本木駅は六本木通りと環状3号線の交差点付近とされていたが、いつの間にか外苑東通りと六本木通りの交差点付近に変更されていた。強く抗議したが無理だった。防衛庁の入札が検討されていたからだと推測される。

4 準備組合活動と都市計画決定

バブル期の世界情勢と森ビル

1989年末に日経平均株価は3万8900円の最高値を付けた。その後90年代に入ると、ずるずると値を下げ続けるようになった。90年3月には大蔵省銀行局長が不動産への銀行の融資を規制する総量規制を通達した。かつ、日銀は公定歩合を上げたので、不動産取引は大幅に減り、価格は下がり始めた。

ただ、91年、92年頃はバブルの余熱が強く残っていて、誰もが遠からず反転すると考え、深刻に考える人は少なかった。設立した準備組合も粛々と、都市計画に向けての活動を進めていた。不動産業界、特にビル業界が深刻さを認識したのは、バブル末期に数多く着工された大型オフィスビルが竣工した93年、94年になってからだった。空室率は10%を超え、サブリースは赤字になり、多くの企業がバブルの後始末に注力せざるを得なくなった。

93年1月、森ビルグループをまとめていた森泰吉郎氏（当時：社長）が他界された。森ビルは森稔氏が、森ビル開発は森章氏が社長に就任した。徐々に別会社の道を歩み、森ビル開発は森トラストに改名し、最終的には99年に完全に別会社になった。

世界を見ると、89年にベルリンの壁が壊れ、90年には共産党支配のソ連がなくなった。冷戦が終結し、グローバル化が本格的に進むことになる。また、80年代には日本が世界をリードしていたIT業界にも変化が現れ、90年代に入りインターネットが普及するようになると、急速に世界から遅れるようになってきた。グローバル化、デジタル化の時代が始まったのである。

91年に都知事選挙が行われた。自民党と公明党は多選反対を掲げて鈴木知事以外の候補を擁立した。しかし、都議会自民党は鈴木氏の4選を支持し、結果として鈴木知事が当選した。鈴木知事のもとで、六本木ヒルズの再開発の都市計画を進めることになる。

都市計画のフレーム決定後、森泰吉郎氏他界

法定再開発の場合、地方では補助金が事業費の30%くらい見込めるが、東京の場合、特に港区では5%くらいしか考えられない。したがって、容積率をどの程度まで上げられるかが、再開発事業の成立の鍵になる。

容積率は、一段ロケットと二段ロケットの二段階で上がるとされている。一段目は道路等のインフラが整備されて、それにふさわしい用途が決まり、それに対応したベースの容積が確定する。続いて、その敷地の中でどれだけ地域貢献するような施設が整備されるか、公開空地や緑地等で環境が整備されるかで、割増の二段ロケットの容積が決まる仕組みである。

容積アップのためには高環境が求められる。ところが、高環境と高容積はトレードオフの関係にある。超高層化できるオフィスビルでできる限り容積を使うことができれば、収益性が高くなり事業化がしやすくなるし、他の部分を高環境にしやすくなる。ところが、オフィスのフロアプレート（ビルの基準階面積）は区域外の日影規制で制約され、高さは航空法で規定される。超高層オフィ

スで使える容積には限界がある。

それと、航空法の規定と、日影規制によるフロアプレートとで、高さと幅を決めるとプロポーションが良いとは言えず、美しいタワービルがつくりにくいことも大きな課題であった。そこで、航空法の規定を超えることにチャレンジすることにした。当地区は航空法では高さ２４０ｍぐらいが限度だったが、近くに東京タワーがあり、実際には飛行機が飛んでくることはなかった。当時の運輸省幹部に相談したところ、不可能ではない様子だった。

そこで、高さ２８０ｍぐらいのタワービルの案をつくってみると、プロポーションも良く、美しいタワービルになった。この案で都と交渉することにした。ところが、都は１９９０年に都庁舎を新宿に移転したところであり、91年には都知事選があり、自民党本部の反対を押し切って、鈴木知事が4選を果たしたところであった。鈴木知事は当時、副都心の育成を政策にしており、特に臨海副都心に力を入れていた。96年にはそこで「世界都市博」を開催することを検討していた。

そのような状況で、東京都心部の開発には冷たい雰囲気で、都との協議はなかなか進まなかった。そこで、準備組合が組織化され、地元の再開発意欲が大変高いこと、環状3号線と六本木通りの平面接続は都市計画上大変意義のあることを粘り強く訴えた。そうした努力が実ったのか、92年の年末になって担当部長から呼ばれた。「建物の高さを都庁より低くしたら、要望の容積は認める方向で検討する」とのことだった。ご高齢で4選を果たした知事に対して、彼が心血を注いで建てた都庁より高い建物を認めるわけにはいかなかったのであろう。

グズグズしていると港区が別の視点で意見を言う恐れもあったので、即決し、その枠内で社内、準備組合の調整を行った。そのとき、森泰吉郎氏は入院しており、病室でこのことを報告した。「これで66プロジェクト（当時の六本木ヒルズ開発名、「ロクロク」と称する）はできるのだな」と念を押された。「はい」と答えたことを覚えている。そして、その翌年の1月30日に他界された。

森泰吉郎氏の葬儀のときに、参列された都の幹部と話す機会があり、故人の遺言としてできる限り早く手続きを進めてほしいとお願いした。1年ぐらいで都市計画決定ができると期待していたが、地元に反対運動が組織化されたこともあり、2年半かかり、95年の4月になった。

ちなみに95年の前半は大変な年であった。まず1月17日に阪神淡路大震災が起きた。早速視察に行ったが、芦屋浜シーサイドの鉄骨造の高層集合住宅の厚いH型鋼が割れているのを見てショックを受けた。建物は傾いてはおらず、その部分が少し浮いているだけなので、溶接で直せそうだったが、あの鉄骨が割れることに衝撃を感じた。続いて3月20日にはサリン事件が起き、都心部を恐怖におとしいれた。ドル円は不思議なことに、80円を切るような超円高になった。おまけに、青島幸男氏が都知事に選ばれた。

92年4月、区の事業推進計画策定調査の結果を受けて、南側の区域を拡大した全体計画図を準備組合に説明した。この計画は「66プラン」と呼び、1千分の1の模型、各施設部分のパース、公共施設の概念図、植栽計画まで、全体を網羅した案を示した。

準備組合員の多くはこれで進めよう、都市計画手続きを推進しようという体制づくりに注力した。ところが、完全に足並みを揃えることができなかった。未加入のままでいた権利者が反対派の組織化を図った。「六本木六丁目再開発を考える会」を立ち上げ、都市計画凍結の陳情を都に提出したのである。

93年は、このような調整が続き、都市計画手続きに入れなかった。94年になってようやく都市計画案の公示・縦覧、環境影響評価書[注11]の公示・縦覧が行われるようになった。だがここで、テレビの電波障害で大きな問題が生じた。アナログ放送の時代で、世田谷区、杉並区まで影響が出るとのこ

注11　環境影響評価書
環境アセスメントに基づく評価手続き上の報告書で、評価内容を加味してつくられたもの。

とで、その対策に苦労した。

バブル崩壊による不況が深刻化していることもあり、再開発の都市計画手続きが進むことを、新聞各社は大きく取り上げた。95年4月に都市計画決定の公示が出された。だが、反対派との話し合いは付いておらず、課題を積み残したままでの船出であった。

KPFのオフィスタワーデザイン

1992年の年末に、東京都から用途・容積・高さの枠組みが提示されたのを受けて、文化都心というコンセプトに基づく施設のあり方、ふさわしい運営者の検討、建物のデザインのあり方、デザイナーの選定等の検討を本格的に始めた。枠組みが固まるまでは、内部の力、長年の協力者の力で計画づくりを行っていた。それが決まったので、外部の力の活用、コラボレーションをもとにより質の高い文化都心づくりを目指した。

まず、文化都心のコンセプトのレビューから始めた。93年に入ると、バブル崩壊が実感されるようになってきた。都心部に地上げで放置したままの空き地が目立つようになった。オフィスの空室率が上がるようになり、家賃も下がる傾向になり、新築ビルの空室も目に付くようになっていた。

こうなると、トレンドの延長線上で将来を予測することはできない。大きな変曲点に来ていると考えざるを得ない。原点に立ち返って考え直すことにした。そもそも東京都心部はどうあるべきなのか、どういう街になれば人々のクオリティ・オブ・ライフは実現できるのか考えることにした。

このままいくと、日本の人口減少は加速化する。日本はすでに成長時代は終わり、成熟から衰退に向かうことになる。しかし、一度は世界2位の経済大国になった国だ。東京はその首都であり、そこに様々な都市型産業が集中している。東京圏の人口3500万人は、先進国では圧倒的世界1

位を保っている。江戸時代の中期から末期にかけて、江戸は１００万人を超えた世界一の都市だったようだ。経済は成長しなかったが、江戸文化は大きく花開いた。衰退せずに、文化・教育が充実し、明治維新の文明開化につながったと言われている。

また、東京は世界一の鉄道網を有し鉄道利用が定着している。道路も十分とは言えないものの整備は進んでいて、それらが世界一位の都市活動を支えている。大気汚染は少ないし、川の水も綺麗になった。緑も十分とは言えないが適度にあり、都心部には再開発によって増える傾向にある。事務所、商業施設、文化施設、教育施設等は量的には満たされていると言えるだろう。しかし、質の高さ、その組み合わせ方、街並みといった「文化性」が欧米都市に比較すると、見劣りしていることは否めない。

このままの姿で、人々は東京都心部のクオリティ・オブ・ライフに満足するわけがない。文化都心という今までの東京都心部にない都心の姿を実現することが、このプロジェクトの使命と考えた。それはまた、東京が世界都市の一つとして輝くために必要なことと判断した。

世界都市と言われるロンドン、パリ、ニューヨークには、文化の「へそ」という地域があるように思う。ロンドンでは、大英博物館からテムズ川沿いの道に文化施設が並んでいる。パリでは、ルーブル美術館からセーヌ川沿いにオルセー美術館等の美術館が並んでいる。ニューヨークでは、ＭｏＭＡ[注12]（ニューヨーク近代美術館）からメトロポリタン美術館のある5番街沿いに美術館が並んでいる。これらが各世界都市の文化都心に当たるように思う。東京では上野がその地位にあるが、そこに東京文化は感じにくい。東京が世界に発信しているアニメ、ファッション、デザイン等は、六本木から西方面で生み出されている。六本木は、東京の文化の「へそ」になる立地を備えている。このプロジェクトは東京の文化都心になりうると考えた。

注12　ＭＯＭＡ　ニューヨーク近代美術館（The Museum of Modern Art）のこと。アメリカ合衆国ニューヨーク市にある、近現代美術専門の美術館である。英文館名の頭文字をとって「ＭｏＭＡ（モマ）」と呼ばれて親しまれるニューヨーク近代美術館は、20世紀以降の現代美術の発展と普及に多大な貢献をしてきた。

世界に通用する文化都心になるためには、それにふさわしいハード、環境、街並み、建物のデザイン、およびソフト、施設の内容、品質の組み合わせが重要になる。そのすべてを一度に検討するのは難しいので、まずはオフィスタワーのデザインと主要文化施設になると考えられる美術館の検討から始めることにした。

せっかく航空局から建物高さの緩和の可能性を得られたのに、都から否定されたため、高さの検討は振り出しに戻った。プロポーションが気になる超高層ビルをつくらざるを得なかった。それを誰が上手にデザインできるか、建築家の選定が重要な課題になった。当時、超高層オフィスタワーのデザイナー建築家としては、シーザー・ペリ事務所とKPF[注13]の名が世界的に知られていた。シーザー・ペリ氏には愛宕グリーンヒルズをお願いしているときだったので、KPFに頼む方向で進めることにした。

最初にKPFから提案されたのは、平面が扇型の2本のタワーを背中合わせにした案だった。1本では太すぎると考えたようだ。そこで、オフィスのフロアプレートについて考えてみることにした。まず、これからのオフィスの中での人々の活動がどのようになるのか、どのくらいのフロアプレートが適切なのかを検討してみた。確かに、マンハッタンのスカイスクレイパーのフロアプレートはあまり大きくない。街路に少しでも光が入るように斜線制限があり、それに対応して、基壇部（低層部）、中間部、先頭部に分けられてデザインされている。基壇部だけは街区の大きさいっぱいのフロアプレートだが、中間部は細くなり、頂部は尖塔風になっていることが多い。大きなフロアが必要な金融機関のディーリングルームは基壇部にしか入れなかったようだ。各分野のディーラーが一堂に会して相場の雰囲気を伝えるためと聞いた。

中枢管理部門を担うオフィスビルでは、マネージャークラスが個室を望むので、むしろ個室を多

注13　KPF
コーン・ペダーセン・フォックス（Kohn Pedersen Fox Associates）の略称。1976年に結成されたアメリカ合衆国を代表する建築設計事務所。ポストモダンの建築を志向しており、超高層ビルに佳作が多い。

くつくりやすい細いフロアのほうが好まれた。しかし、これからは営業所や工場、物流を管理するところではなく、価値ある情報をつくり、交換する場になる。関係者が集まってコラボレーションしながら付加価値をつくり出すことが求められる。管理の場から付加価値生産の場へと大きく役割が変わっていくはずだと考えた。そうなると、プロジェクト別に自由にラインを引き、チームをつくれる工場のように、大型のフロアが好まれるようになる。

アメリカのオフィスの多くは、郊外でのキャンパススタイルが採用されている。そこでは大きなフロアプレートの3層のビルを建て、足りなくなると同じような別棟を建てる。大きな会社はまさに大学キャンパスのようである。完全な車社会なのでこのスタイルを好むのであろうが、3層を縦積みにした超高層ビルがマンハッタンに出来れば人気を集めるようにも思う。

そこで、KPFに1棟にまとめるデザインにするようにお願いした。若手のデザイナーがチーフになって、日本の折り紙をモチーフにしたデザインが提案された。大変ユニークなデザインで面白かったが、折り紙風船のような小太り感は拭えず採用はされなかった。

グッゲンハイム美術館との協議

文化都心のシンボル的文化施設を何にするかが、まず議論された。アークヒルズでは国際水準の本格的なクラシックコンサートホールが建てられ、アークヒルズの評価を上げてくれた。それに対応する文化施設は美術館になると自然に考えられた。しかも、森稔夫妻は2人とも美術好きである。オーナー家が好きでないと継続は難しくなる。必然的に美術館に固まっていった。

しかし、どんな美術館にするか、すぐに大きな壁に当たった。美術品のジャンルは幅が広い。また、コレクション中心にするのか、企画展中心のギャラリー的美術館にするのか、運営方法も多様である。しかも、グローバルに通用する美術館にならないと、東京の文化都心のシンボル的文化施設にはなり得ない。森稔夫妻の世界の美術館巡り、美術館関係者とのネットワークづくりが始まった。

日本の美術関係者からは、日本では印象派でないとお客は来ない、現代美術は人気がなくお客は見込めないと告げられた。ところが、ソ連が崩壊したとき、次の海外進出都市を探しにモスクワに行った際に、プーシキン美術館に立ち寄り、衝撃を受けた。サンクトペテルブルクのエルミタージュ美術館は多くの印象派の名作をコレクションしていることで有名だったが、このプーシキン美術館にも綺羅星のごとく印象派の名作がコレクションされていたのである。印象派の名作でコレクションを構成することは不可能に近いと感じた。

美術関係者のネットワークづくりの一つとして、ロンドンのロイヤル・アカデミー・オブ・アーツと接点ができた。ピカデリーサーカス近くの好立地にあり、美術学校もあり、古代からの大量のコレクションもあるようだが、内部広場に面した部分ではギャラリー的な利用がされていて、次々に企画展を行っており、そのようなやり方もあるのかという勉強もできた。森稔氏（当時：社長）は一部屋の改装費を寄付した。「森ギャラリー」という名が付いていると思う。

そのような迷いのなかで現れたのが、ニューヨークのグッゲンハイム美術館の館長トーマス・クレンツ氏である。当時、彼は美術業界の風雲児のような存在であった。フランク・ロイド・ライト[注14]の「でんでんむし型」の設計で有名なニューヨークのグッゲンハイム美術館の館長をしていた。その展示内容、展示の仕方を大胆に変革し、かつヴェネツィアのグッゲンハイム美術館を再興して話題を呼んでいた。

ちょうどその時期には、産業構造の変化により大きく衰退していた鉄鋼業の街ビルバオを、美術

注14　フランク・ロイド・ライト
1867年〜1959年、アメリカの建築家。グッゲンハイム美術館、落水荘、旧帝国ホテルなど多数の歴史的建築物を設計。

館の力で再生しようと、グッゲンハイムの分館の話をしていたようだ。それを中心となって推進していたのがクレンツ氏だった。大変な自信家で、世界都市東京にグッゲンハイムの分館をつくりたいと熱っぽく語っていた。彼に案内されて、美術業界の様子、今後の動き等、様々なことを学んだ。大変熱心だったので、森稔氏も心が動かされたかもしれないが、最終的にはお断りすることにした。

ビルバオの例では、バスク政府が建設費1億ドルすべてを投じて、フランク・ゲーリー氏設計による画期的、彫刻的な建築が建設された。かつ、5千万ドルを出して作品を購入した。年間1200万ドルの運営費を出し、展示会ごとに2千万ドルの作品購入をする約束をしたようだ。確かにビルバオのイメージを100%変え、大成功と言われているが、すべての資金をバスク政府が出し、名前はグッゲンハイムの分館になるというやり方であった。アークヒルズのサントリーホールでは、森ビルが建物を建て、それをサントリーに適切な賃料で貸し、サントリーはそこを自社で内装し、運営はすべて自社のリスクで行っている。根本的に異なっていた。

森稔氏は、美術館には森の名を付けよう。名を付ける以上は森の責任で運営しようと覚悟を決めたのであろう。自分でやるためにはどうしたらよいか、より真剣に検討した。そのなかで、クレンツ氏のアドバイスについても、良いと思うものは取り入れた。

日本の美術関係者は、美術館は地面に付いている単独棟しか考えられない。そうでないと、国宝等の文化財は展示できないし、美術館としてのアイデンティティを持つことはできないと、強く主張していた。それに対して、クレンツ氏は美術館に来る人は、美術の鑑賞を目的に来る人だけでない。カップルのデートの場所になったり、家族旅行で来たりする人も多い。そのように使われないと多くの入館者を見込むことはできない。超高層の頂部にあれば、存在感を出せるし、場所もわかりやすい。展望台と一体化すれば、美しい東京の景色を見渡すことができる。その魅力で訪問した人が、美術に目覚めることもありえると薦めていた。

通常、美術館はコレクションを所有しており、それを交換し合って企画展示をしている。だが、日本で海外の美術館とコレクションを交換し合うことのできる美術館は少ない。それに代わって、大手新聞社が宅配のプロモーションを兼ねて、企画展を行っている。多くは海外美術館の改修時の閉館の際に大量にコレクションを借りてきて、大規模な展覧会を開催している。美術館も新聞社も多くのキュレーターを抱えている所はなく、革新的な企画展示をする能力はなかった。

森の名を付けた美術館をつくる。かつ、森ビルが運営して、世界水準の美術館にしていくという目標にチャレンジすることを、森稔氏は決断した。そのために、世界の美術界をリードしているMoMA（ニューヨーク近代美術館）にコンサルティングをお願いすることにした。

美術のジャンルとしては「現代アート」を中心にすることにした。確かに、日本で浸透し、定着するまでには相当時間がかかるだろう。MoMAが設立されたのは20世紀の初め、その頃の現代アートと言える近代美術を中心にコレクションを始めていた。それが数十年経過して、世界をリードする近代美術の殿堂に成長したと考えられる。森美術館も、21世紀の初めに現代アートの美術館としてスタートし、数十年持続できれば、アジアで、世界で名のある現代美術館と評価されるであろうと期待した。

商業核、ホテル、パフォーマンス劇場の研究

文化都心になるには、商業施設にも重要な役割がある。都心のクオリティ・オブ・ライフを実現できる街である。日常使いにも、訪れる人々にとっても、それを感じられる充実した感性豊かな商業機能が求められる。いわゆるショッピングセンターと言われる場所はつくらない。楽しい街をつ

くりたいので、街に溶け込むような商業施設が望ましいと考えた。しかし、多くの人々を惹きつけるためには、何らかの商業核が必要に違いない。そこで、どんな商業核にすべきかの検討が始まった。

まずは有力な百貨店を期待した。六本木ヒルズに比較的似ている複合開発プロジェクトが1994年に恵比寿でオープンしていた[注15]。商業施設の核に三越が出店していて、地域の富裕層の方々を惹きつけていると聞いていた。まず三越の話を聞くことにした。

間に立つ銀行は熱心であったが、三越自身に熱意はあまり感じられなかった。日本の百貨店には欧米のそこにはない「デパ地下」という強力な集客装置があり、多くの人々を惹きつけている。そこでも稼ぐし、その集客力を活かして利益幅の大きいアパレルで利益を上げるビジネスモデルと理解していた。

デパ地下は人を集めているが、そこでの利益はあまり大きくないようだった。生鮮食品のように朝早くから仕事をすることはデパートの人にはできず、専門業者の独壇場で、デパート側の実入りは少ないようだ。銀座、新宿と違い、恵比寿、六本木ではデパ地下が主役になる。そこでの利益が少ないのでは期待する家賃は取れないことがわかった。

デパート業界は過去の栄光に胡坐をかき、人件費の高い社員を多く抱え、利益の出にくい体質になっているようだった。過去のビジネスモデルになりつつあることが理解でき、デパートを商業核にすることを諦めた。

文化都心と言われるようになるには、ブランド力があり、高品質で評判の良いインターナショナルホテルの存在が欠かせないと考えた。まず、アジアで存在感のあるラグジュアリーホテルとして、香港のマンダリンオリエンタルホテルとペニンシュラホテルに目が行った。

注15　恵比寿ガーデンプレイス
1994年に開業したサッポロビール工場跡地の再開発事業。超高層オフィス、ホテル、住宅、商業施設、文化施設などを含み、アークヒルズ後の複合再開発として注目される。

ジャーディン・マセソン系のマンダリンオリエンタル[注16]が関心を示したので、話を進めることにした。香港のセントラルのど真ん中に立地し、ラグジュアリーホテルとして世界から認知されている。雰囲気づくりもオリエンタルでありながら、べたでなくシックで上品な環境をつくっている。英国風のサービスで好感を持てた。

ただ、六本木の立地について、彼らは理解しにくかったようである。本格的に検討するために、共同でホテルコンサルタントに調査をさせたいとのことだった。世界的ホテルコンサルタントとして知られているホワース[注17]に依頼することにした。

調査会社から計画内容のヒヤリングを受けたが、まだ固まっていない状態なのでわかりやすく説明することはできなかった。調査は客観性が重要であり、既存のデータがないと評価は難しくなる。六本木には比較できるようなラグジュアリーホテルは存在していなかった。結局は極めて常識的な調査結果しか出なかった。

そのような調査結果では進出を決めることはできないと、マンダリンオリエンタルの件は見送りになった。地域価値を一新するようなイノベーティブな開発を説明し、理解させることの難しさを感じた調査であった。

文化都心としては美術館だけでは少し弱いのではないか。しかも、美術館は超高層の最上階にある。足元に賑わいの出る劇場があれば文化の性格が強くなる。パフォーマンス劇場の成立性について研究することにした。

ニューヨークのブロードウェイとロンドンのウエストエンドには様々なパフォーマンス劇場が並び、成立しているように見える。しかし、他の都市ではそのような街は見かけない。日本でも劇場街は存在しない。それはなぜなのかを調べることにした。

注16　マンダリンオリエンタル
マンダリンオリエンタルは中国香港に拠点を置いている高級ホテル運営会社。同じく香港に拠点を置く英国系企業であり、東インド会社を前身とするコングロマリット、ジャーディン・マセソン・グループの傘下にある。

注17　ホワース
観光、レジャー系コンサル会社。創業1915年。世界中で活動している。

日本でビジネスとして一応成立しているパフォーマンス劇場は、松竹の歌舞伎座と阪急の宝塚くらいで、浅利慶太氏の劇団四季、ジャニーズが頑張っている状況のようだった。明治座と新橋演舞場は安定的とは言えない様子であった。

歌舞伎は江戸時代からの伝統のなかで、役者と松竹の間でビジネスモデルが確立しているようだ。芸の修行は世襲で、親の役者がその子に伝えていく。通常の演目では、あまり稽古をしなくても舞台を開けることができるようだ。宝塚では、音楽学校で毎年若い役者を育て、次々に舞台に立たせ、ある程度ベテラン、スターになると卒業する仕組みができている。ビジネスモデルが確立していて、長い間継続できているのであろう。

それに対して、ブロードウェイとウエストエンドでは、パフォーマンスビジネスは無駄が少ないビジネスモデルとも言えるエコシステム（循環システム）が確立しているようだ。敏腕プロデューサーが存在し、彼らのもとには世界から脚本が届けられる。劇になりそうな作品を選択し、その小型版の劇を製作する。それを地方の公的劇場、オフブロードウェイで試験的に公演する。そのうえで、ビジネスになりそうな劇だけをブロードウェイに持ってくるのである。

そのときは、ロングランを前提に舞台装置に金をかける。その資金を集める仕組みも備わっている。役者はオーディションで選定し、それを待っている役者の卵が全世界から集まり、日々養成スタジオで修練している。多種多様で、しかもロングランで有名ミュージカルが数多く公演されているので、世界から観光客が観に来る。このようなビジネスのエコシステムが確立しているようだった。

劇団四季は非常に頑張っているが、その演目の多くはブロードウェイの作品を借りている。役者のほうは自前で養成しているが、四季の中でのシステムにとどまり、街に広がるエコシステムになっていない。いろいろと調べ、研究したが、東京ではパフォーマンス劇のビジネスエコシステムはできていない。継続して劇場をビジネスとして維持することは難しいことがわかった。当初、関心を持っていたテレビ朝日がパフォーマンス劇場から引くことにもなり、断念することにした。

7

六本木ヒルズⅡ
文化都心と
バーティカル・ガーデンシティの実現

六本木ヒルズ全景※

1　都市計画決定から着工まで（1995〜2000年）

テレビ朝日、共同事業者から大権利者へ

テレビ朝日と森ビルは、共同して再開発を進めるという協定を結び、再開発の呼びかけを共に行ってきた。両社から人を出し合い、地域の方々、行政に働きかけた。事前転出者の土地を買わざるを得ないときには、買うことになった会社にインセンティブが付くよう協定をして、共同責任でリスクを取ることで進めていた。

地元対応、公式的行政対応は常に両社で出席していた。しかし、現場では共同で進めるという意識が強かったが、必ずしも経営陣は同じでなかったようだ。当時、テレビ朝日の株主は朝日新聞社だけでなく、旺文社と東映も大株主であった。取締役会ではそこから不協和音が出ていたようだった。

特に1990年代に入り、バブル崩壊が現実になると、それが強くなったと思われる。都市計画決定の目途が付くようになった頃、テレビ朝日のほうから共同事業者の立場から降り、一地権者の立場で再開発に参加したいという話が来た。

そのうえで、テレビ朝日のスタジオ・本社棟の設計は槇文彦氏[注1]にお願いした。独自のアイデンティティのある建物にしたいとの申し出があった。槇氏は申し分のない建築家であり、基本的に受け入れることにした。

商業施設部分の建築家にジョン・ジャーディー氏を選定

都市計画が決定されると、次は組合設立、事業計画決定に進む。そのためには設計を固め、ある程度事業費の目途を付けないといけない。都市計画の枠組みが決まり、都市計画決定の手続きが終

注1　槇《まき》文彦《ふみひこ》
1928年生まれ。建築家。東京大学工学部建築学科卒業。クランブルック美術学院およびハーバード大学デザイン大学院修士課程修了。幕張メッセ、東京体育館、テレビ朝日本社ビルなど多数の建築を手がける。東京都渋谷区の山ノ手通りのヒルサイドテラスを数次にかけて実施。

わるまでの間に、設計をできるだけ進めることが望まれる。

オフィスの超高層タワーの設計はＫＰＦに依頼することにしたが、その低層部から各建物の低層部に広がる商業施設部分をＫＰＦに任せるのは、抵抗感があった。超高層ビルは垂直方向に美しさを感じるようにデザインされることが多い。オフィスではそれが望ましいが、地面に面している商業施設部分は視線が水平に広がるほうが利用者には居心地がよいはずである。

建築家は高層部から低層部までの首尾一貫したデザインを求めるため、それを好まないが、あえて低層部は商業施設に強い、水平的にデザインする建築家に入ってもらうよう考えた。

当時、サンディエゴのホートンプラザというショッピングセンターが話題になっていた。今まで建築家があまり関わっていなかったショッピングセンターをロサンゼルスの建築家ジョン・ジャーディー氏[注2]がデザインし、その魅力が評判になっていた。彼の考えを建築雑誌で読むと、グランドレベルから高さ14・5ｍの範囲の水平空間の体験をデザインすると書かれていた。

ジャーディー氏を参加させようと話をし、森稔氏と作品を見に行った。ホートンプラザは魅力的だが余りにもカラフルで、日本には合わないと感じたが、ロサンゼルスとサンディエゴの間にあった高級住宅地の小さなショッピングモールは品があって、好感が持てた。

高層部はアメリカ東海岸のフォーマルで幾何学的なニューアールデコのデザイン、低層部はアメリカ西海岸のカジュアルで有機的なデザインを組み合わせる。まさに、木に竹をつなぐようなデザインにチャレンジすることにした。

インフラのデザイン

通常は道路等のインフラ整備は公的機関が行い、その枠内で民間が建築活動をする。今回はイン

注2　ジョン・ジャーディー
１９４０年～２０１５年。
アメリカの建築家。
界隈性を大事にした建築を試みる。サンディエゴ市内にホートンプラザの設計で成功をおさめ、その後ロサンゼルスオリンピック（84年）の都市計画、モール・オブ・アメリカ、フレモント・ストリート・エクスペリエンス、ベラージオ、キャナルシティ博多などの商業施設の設計を手がけた。六本木ヒルズでは、商業エリアのデザインをする。

フラも再開発組合という民間がつくることになる。もちろん、行政の許可を受けて実施する事業だが、できる限り柔軟性のあるインフラづくりに努めた。

ヨーロッパの古い街並みでは、道路とその沿道の建物は一体的につくられている。道路の線形が建物の外壁線を決めており、また逆に建物の外壁線が道路の線形を決めているようだ。それが何とも言えず居心地のよい、雰囲気のある道路空間を形づくっているように思う。

人の自然の動きは直線ではない、緩やかな曲線であろう。ジャーディー氏が提案した動線図には人の渦をつくり出す意図が感じられ、カーブを多用した渦巻き状であった。人の自然の動きに合わせて動線を考え、それを形づくるように建物の外壁線を決める。そこから歩道状の空地を取り、道路の線形を決めるという、通常とは逆の方法にトライすることにした。

六本木ヒルズのメインストリート「けやき坂通り」は、このような考え方で、試行錯誤の結果生まれたものである。緩やかな傾斜と緩やかなカーブ、心地よい街路空間をつくり出しているように思う。

中央のブロックは、5 ha以上のスーパーブロックになる。そこに機能の異なる複数の建物と緑地等が配置されている。各建物がスムーズに機能するためには、抜け道的な人の通路、車の通路が必要になる。ループ車路なり歩行者路を地区計画で位置づけた。

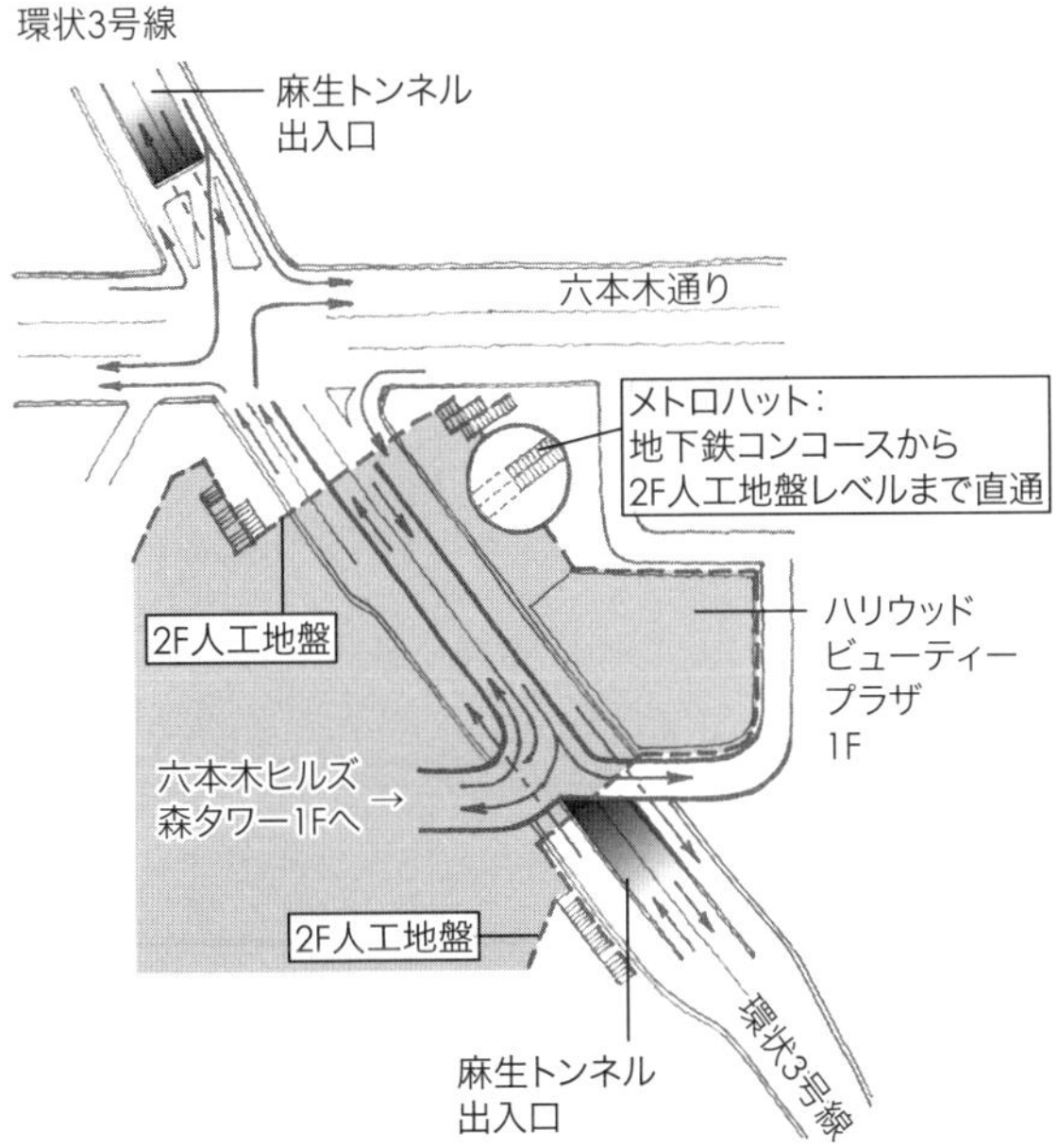

図１　六本木ヒルズの車の処理、地下鉄六本木駅とメインブロックの分断の解消

もう一つの課題が高低差への対応である。もともとこのスーパーブロックの高低差は15mぐらいあり、加えて環状3号線と六本木通りの平面接続により、環状3号線を跨ぐ人工地盤をつくる必要が出てきたため、高低差は20m以上になる。これを利用して、人のメイン動線は人工地盤レベルに、車のメイン動線は六本木通りのレベルに設定した。

オフィス棟の外壁線の外側を回る、人工地盤下のグランドレベルにループ車路をつくり、その車路に面して各建物の車寄せを配置し、駐車場の出入口を複数セットした。このループ車路の出入口は環状3号線と六本木通りの交差点につながり、かつ、けやき坂通りにも通じている。車をさばくことができ、バスもタクシーも利用するメイン車路になっている。

バス、タクシーベイ（タクシー乗り場）、車寄せ、駐車場の出入口に何とか余裕を持たせ、ループ車路の幅員を9mにしたので、余程のイベントでない限り、渋滞が外の道路にはみ出すことは少なくできたと考える。

歩行者動線の最大の課題は、環状3号線と六本木通りの平面接続によって生じた地下鉄六本木駅とメインブロックの分断を、どう解消できるかであった。もともと環状3号線はトンネルで通じていたので、地上は民有地であった。ところが、環状3号線の両側に側道をつくったことにより、全体が公共道路用地になり、そのうえには構造物は行政の許可なしにはつくることができなくなった。当初の都市計画では2本の歩道橋しか認められなかった。都市計画変更を2度お願いして、ようやく広場を道路上に架け

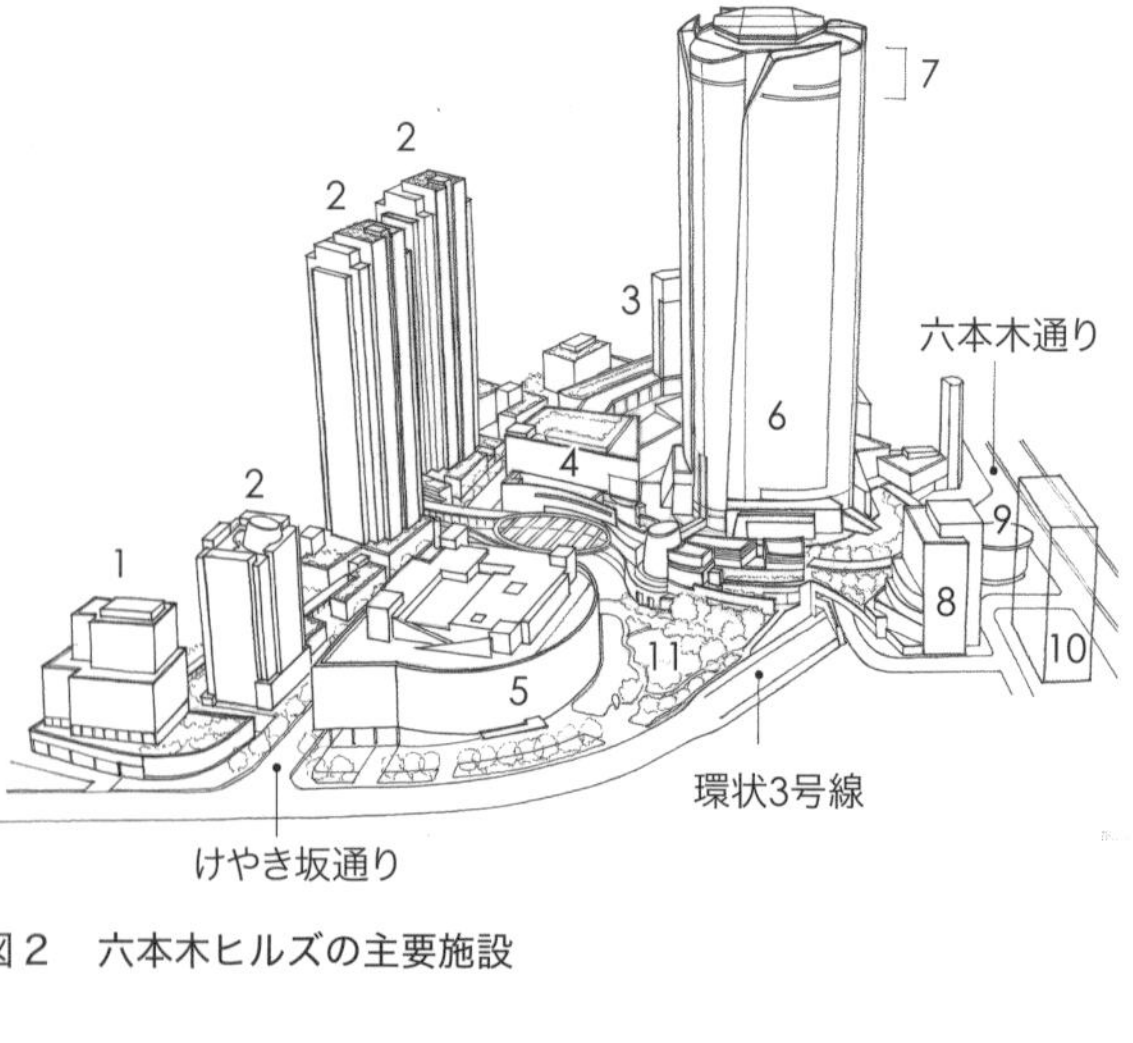

1. 六本木ヒルズゲートタワー
2. 六本木ヒルズレジデンス
3. グランドハイアットホテル東京
4. TOHOシネマズ六本木ヒルズ
5. テレビ朝日放送センター
6. 六本木ヒルズ森タワー
7. 森アーツセンター、森美術館、六本ヒルズクラブ、六本木アカデミーヒルズ
8. ハリウッドビューティプラザ
9. メトロハット
10. 六本木ヒルズノースタワー
11. 毛利庭園

図2　六本木ヒルズの主要施設

られるようになった。

この広場の帰属は港区になり、その位置づけは緑地ということになった。どちらにしても、広場により超高層ビルにふさわしいビル正面の引き（距離感）が取れたのでほっとした。管理は管理組合に任されたので、連続したデザインを行い、違和感のない広場ができたと思う。

もう一つの大きな課題が毛利池とその周りの緑地の扱いであった。この地区は毛利防府藩の下屋敷であって、赤穂浪士の何人かがここで切腹をしたとされ、都の史跡に指定されていた。それをどういう形で残すのが良いのかという問題であった。

歴史的資源の残し方には、大きく三つあると思う。現状のまま残す。出来た頃の原形に戻す。新しい時代に対応した改修を行い保存する。どれにすべきか、専門家による委員会を設置して、検討してもらうことにした。

博物館型の専門家は現状のまま残すべきとか、原形に戻すべきと主張するのではないかと心配していた。ところが、日本庭園の専門家の考えは違っていた。日本庭園というのはその精神を引き継ぎながら、時代の変化に対応してきた。今回大きく周りの環境が変わる。日本庭園の精神を受け継いでくれれば、周りの変化に合わせて変えるのは良いと結論づけた。

ちょうど槇氏がデザインするテレビ朝日棟の前庭に当たり、モダン建築に赤い太鼓橋のようなキッチュな日本庭園は合わないと、槇氏は心配していた。こうしてモダン建築に合わせた、日本庭園、緑地をデザインすることができた。

六本木ヒルズ森タワー（設計：KPF）※

世界の建築家が揃った設計チーム

「文化都心」というコンセプトの実現のためには、美的にも価値ある姿を追及しないといけない。また、都市の中の都市をつくる計画である。1人のデザイナーに任せるのでは面白くない。都市は多様性があるから人を惹きつける。しかし、デザイン志向の建築家は自分の美的価値観を大事にする。どちらかと言うと、多様な美的価値観を嫌う傾向にある。そういう建築家を相手に、多様性のハーモニーをコラボレーションによってつくり出すことにチャレンジしてもらうことにした。

それぞれ異なった美的価値観のある建築家にコラボレーションをお願いするためには、こちら側に「文化都心」をつくりたいという明確なコンセプトがあることと、その実現に強い意志があることを彼らに示すこと、それを理解してもらうことが重要と考えた。

次に、こちら側に法的、技術的に秀でたインハウスの技術者がいて、上手に全体をまとめる力があることを示す必要があった。アークヒルズをはじめとして、長年森ビルの建物を設計してきた入江三宅設計事務所の加藤吉人氏の存在は大きかった。彼は法律の枠内で最有効の容積を入れ、かつコア周りを合理的に効率的に設計し、有効率を最大化する設計能力を持っていた。彼の類いまれなる能力を各建築家が皆評価し、リスペクトしていた。

コラボレーションが成立するためには、お互いがその能力なり才能なりを認め、リスペクトする関係が出来ることが必要だとわかった。それぞれの分野で卓越し、世界でこれはという建築家を選定しなければならない。その選択にも注力した。

オフィス棟とホテル棟はニューヨークのＫＰＦに、低層部の商業部分はロサンゼルスのジョン・ジャーディー氏、テレビ朝日棟は繊細な美しいモダン建築の槇文彦氏と、役者は揃った。

一番迷ったのが住宅棟であった。住宅では、入居者からのクレーム対応が欠かせない。大手ゼネ

注3　サー・テレンス・コンラン
(Sir Terence Orby Conran)
１９３１〜２０２０年。イギリスの家具デザイナー、インテリアデザイナー、ライフスタイルショップ経営者、レストラン経営者、著述家である騎士（Knight）に叙勲された「サー」である。英国の建築家。
(Wikipedia より)

コンの設計施工が安心だと考えた。ゼネコンによる設計コンペを行い、1等賞を選んだものの、これでは文化都心のクオリティ・オブ・ライフを表現する集合住宅とは言えないと感じていた。そこで、デザイナーの選定を行うことにした。カジュアルでモダンな住宅のあり方を提案し、コンランショップでそのライフスタイルを表現しているロンドンのテレンス・コンラン氏[注3]にお願いすることにした。

最後に、文化都心のシンボルになる森美術館の入口と、オフィス棟の最上部の美術館・展望台のインテリアデザインをニューヨークのミニマリスト建築家リチャード・グラックマン氏[注4]に依頼することにした。それぞれの分野で世界の第一人者を選んだので、お互いにリスペクトできるはずだと考えた。さらに、アカデミーヒルズの内装は隈研吾氏[注5]にお願いした。

最初はKPFとジャーディー事務所のコラボレーションから始めた。趣旨は理解してくれたようだが、ギクシャクしていた。コラボレーションして新しいデザインを生み出してほしいという考えは理解できるが、鉛筆は1人でしか持てない。どちらを主役にするかを決めてほしいと言ってきた。

だが、それでは意味がなくなる。コラボレーションによって異なった美的感性を新たに結合させて、今までにないデザインをつくり出してほしいと、強く主張し続けた。そのうち、コラボレーションの面白さを感じたのか、彼ら同士でコラボレーションしたうえでプレゼンするようになった。KPFは創立者の1人ウィリアム・ペダーセン氏[注6]自らがデザインに関わり力を入れてくれた。そして、このコラボレーションの輪はコンラン事務所、グラックマン氏へと広がっていった。

当初、槇氏は自分がデザインするテリトリーを決めてほしい、その範囲には口を出さないでほしいという雰囲気であった。しかし、KPFとジャーディー事務所のコラボレーションによって、低層部のデザインが固まってくると、ある程度それに合わせてテレビ朝日棟のデザインをしてくれる

注4　リチャード・グラックマン
森美術館の設計を担当。森タワー高層部の内部に、入れ子のようにギャラリー空間を宙吊りにする特殊なデザインに挑戦し、先例のないスペースを設計した。ホイットニー美術館（ニューヨーク）、グッゲンハイム美術館（ベルリン）など優れた美術館の設計や改築ほか多数のギャラリーの建築を担当。

注5　隈《くま》 研吾《けんご》
1954年生まれ。建築家。東京大学特別教授。近年では、木材を使うなど「和」をイメージしたデザインを旨としている。那珂川町馬頭広重美術館では第14回（2001年度）村野藤吾賞などの受賞。国立競技場では47都道府県の木材を大量に使用。六本木アカデミーヒルズの内装デザインを担当。

ようになった。

　このように、各施設のデザインを進めると同時に、各施設のコンセプト・中身の検討、オペレーターの選定を進めた。その議論を各施設のデザインに反映しながら、設計作業を続けた。

　コラボレーションが成功するためには、まず共通の目標を持つこと。共通のコンセプトに皆が共鳴することが必要である。次に、お互いに才能なり能力なりを認め、リスペクトすること。そして、コラボレーションを実施して、新しい価値をつくり出すのだという強い意志を持つこと。コラボレーションによって今までと違う自分を発見することに、喜びを感じることが望ましい。

商業、ホテル、シネコンの検討

　核商業施設にデパートの導入をやめたので、自ら商業施設群をオペレーションすることになった。そのため、元西武百貨店の社長をしていた水野誠一氏[注7]の紹介で、伊勢丹の頭山秀徳氏に来てもらうことにした。彼が中心になって商業施設の計画づくりを始めた。

　まず、水野氏を委員長に、学識経験者、商業関係者、クリエーターを選んで、コミッティを定期的に開催し、文化都心としての商業施設のあり方から議論することにした。東京都心のクオリティ・オブ・ライフを表現する商業施設とはどういうものか、意見を交わした。他にない、多様で高品質の商品、サービス、環境、経験を提供する商業施設と商環境をストリート状に展開する。ワクワクした期待の膨らむ商業モールをつくるべき等の議論がなされた。

　それを実現するためには、オンリーワンの商品、サービス、環境をつくらなければならない。通常のオープン1、2年前にテナントリーシングするのでなく、着工前から可能性のあるテナントを選定し、彼らとコラボレーションしながら商品開発、サービスや環境の開発に取り組んだ。

注6　ウィリアム・ペダーセン
KPFの共同代表。超高層建築の第一人者として世界的に高い評価を得ている。六本木ヒルズ森タワー、グランド ハイアット東京、けやき坂コンプレックスの建築デザインを担当する。

注7　水野《みずの》誠一《せいいち》
1946年生まれ。実業家、政治家。株式会社インスティテュート・オブ・マーケティング・アーキテクチュア代表取締役。元株式会社西武百貨店社長、元参議院議員。（Wikipedia より）

こうした活動のなかから、サザビーリーグはエストネーションという大型セレクトショップを開発し、商業核施設の役割に取り組んでくれた。また、蔦屋はけやき坂通りと麻布十番の角にブックカフェを出店すべく業態の開発に努めてくれた。

都市計画決定が公示され、再開発の実現が見えてきたので、コンペでホテルオペレーターを選定することにした。インターナショナルな本格的シティホテルまたはラグジュアリーホテルを条件に、国内外のホテルオペレーターに参加するよう呼びかけた。

バブル崩壊の痛手は大きく、日本のホテルオペレーターで積極的な会社はなかった。インターナショナルホテルとしてはマリオットとハイアットが熱心であった。どちらもマネジメント・コントラクト[注8]が条件でリスクは取らないが、積極的に関心を示した。

そこで、マリオットとハイアットに絞って、ホテルのコンセプト、取り組み方、条件等を詰め、比較した。どちらも、アメリカの巨大ホテルチェーンであり、大型のコンベンションホテルとして成功していた。しかし、文化都心にふさわしいホテルという認識はできなかった。

もう一つ理解しがたかったのが、マネジメント・コントラクトの仕組みであった。経営・運営権を委ねるので、ある程度相手にインセンティブを与えるのは理解できるが、一切リスクを取らないことが納得できなかった。経営・運営リスクを負うオペレーション会社はオーナーサイドが組成して、そこに、GM（ゼネラルマネージャー）、チーフコック、財務責任者等数人が派遣され、彼らの給料から子供の学費までをこの会社が負担する。双務契約

注8　マネジメント・コントラクト
管理運営受託方式。デベロッパーや投資家がホテルを建設・所有し、また経営も行うが、ホテルの運営だけをチェーンを主宰する企業に任せる方式。チェーンを主宰する企業にとっては、大規模な投資もないため、経営リスクも負うことなく、チェーン展開は容易となる。

ウエストウォーク
（設計：ジョン・ジャーディー）※

と言えるのか、疑問に感じていた。

インターナショナルホテルの運営・経営方式を教え、主要な人材を派遣し、そのマーケティングシステムによって海外から集客する対価として、総売上の一定のパーセントをベーシックフィーとして取り、GOP（グロスオペレーションプロフィット、営業粗利益）の一定のパーセントをインセンティブフィーとして取るビジネスモデルである。特に、ベーシックフィーが納得いかない。日本のホテルの売上の3分の2は、飲食と宴会である。その営業力は日本側にある。そこからフィーを取るのは公正とは言えないと感じた。ヒルトンがつくったと言われるこのビジネスモデルの構造は、各社が競争しても決して変えない。パーセントの高低だけで競争するとのことだった。

いろいろ話していくうちに、アメリカのハイアットとアジア、ヨーロッパのハイアットインターナショナルでは相当違うことがわかった。ハイアットインターナショナルは、コック出身のコーリンゲルというドイツ人が社長をしていて、こだわりのあるホテルを各地につくって、運営していた。六本木ヒルズのコンセプトに合わせたホテルを開発する可能性が高いと考えて、ハイアットインターナショナルを中心に話を進めた。

ホテルの設計はオフィス棟との連続性を考え、KPFに依頼した。ハイアットとはテクニカルアドバイス契約を結び、技術指導を受けながら設計を進めた。ホテルは別棟で中層なので、見晴らしは良くない。特にオフィス棟との対面が気になった。窓面を45度振ることにより、少しは和らげることができた。

ヨーロッパの高級ホテルを考えると、見晴らしが絶対的条件とは言えないようだ。別棟なので、独自の車寄せ、玄関、ロビーがつくれるので、ホテルとしてのアイデンティティを表現できる。同時に、オフィス棟と連続しているので、その良さを活用して、第二の車寄せ、駐車場を配置でき、ホテルの飲食店をオフィスの飲食店街と連続させることができた。六本木ヒルズのホテルであり、かつグランドハイアット東京の独自性も併せ持つことができたように思う。

検討していたパフォーマンス劇場、ミュージカル劇場については、東京にビジネスのエコシステムがなく、持続性が保たれないので難しいことがわかった。代わりに、シネマコンプレックス（以下、シネコン）を入れることを検討した。周りの日比谷、渋谷、新宿には映画館街があり、六本木には存在しない。六本木の周辺にはインターナショナルな住民も多く、彼らはシネコンに親近感を持っているはずだ。六本木ヒルズには本格的なシネコンが成立するのではと考えた。

また、アークヒルズで感じたのだが、サントリーホールは2千人の収容力があるので、開演前・閉演直後は人があふれ、大変な賑わいを見せている。ところが、公演中は寂しい状況になる。街の賑わいという面では、必ずしもプラスと言えないことがわかった。それに対して、シネコンは同じ収容人員2千人でも、10スクリーンぐらいあり、少しずつ開演時間をずらすことで常に人が出入りするようにでき、賑わいに貢献することが期待できる。

しかし、映画館の稼働率は低く、一番稼働率が高い映画館で、1日4、5回の上映をしても、その2回分しか満席にならない。このことが人集めのために安い家賃で誘致する郊外のショッピングセンターでしかシネコンが成立しない理由であろう。

シネコン業者に経済条件のコンペをしたが、都心の特殊条件に応えられる企業は少なかった。そのなかで、ヴァージンシネマ[注9]だけは六本木ヒルズの特殊性を理解してくれたようだった。日系アメリカ人のマーク山本氏が大変熱心に対応してきた。賃貸料もかなり思い切った提示をし、雰囲気づくりも上手なので、そこに絞って交

注9　ヴァージンシネマ　ヴァージンシネマズ・ジャパン株式会社は、日系アメリカ人の実業家・山本マーク豪が、イギリスのヴァージン・グループから出資を受け、1997年に設立された。2003年、東宝に買収され、社名・館名共にTOHOシネマズに変更された。（Wikipedia より）

テレビ朝日（設計：槇文彦）

渉を進めた。

ヴァージンシネマというブランド力も魅力だし、内装、プロモーションも期待できる。経済条件も良いので、そこに決めて設計を行った。しかし、完成時にヴァージンシネマは日本でのビジネスを東宝に売却したため、東宝が引き継ぐことになった。これは想定していない事態だったが、まさにグローバルにM&Aが行われる時代が来たことを実感した。

森美術館の独自開設、アーツセンターという概念

美術館に関しては、グッゲンハイムの分館にすることをやめ、独自に開発、運営することにした。そのアドバイスを受けるために、ニューヨークのMoMAとコンサルティング契約を結んだ。実施設計に結び付けるために、設計上の技術アドバイスを受けることから始めた。現代アートなので、展示室をホワイトキューブ型にすることはすぐにコンセンサスを得られたが、天窓をつくるかどうかについては意見が分かれた。最終的には、展示が制約されるとのことで天窓は最小限に絞り、自動で照度をコントロールできるロボット照明で対応することにした。代わりに、超高層ビルの最上階にある美術館であることを実感できるよう、外が見える、自然採光による展示室もつくることにした。

超高層ビルの最上階にある美術館の最大の課題は、展示品の搬入・搬出のロジスティクス（物流）である。美術品の搬入ルートの確保、梱包を解くスペースの確保、梱包するクレート（木枠）の保管場所等、セキュリティを含めて勉強することが多かった。特に問題となったのが、最上階に搬送するエレベーターであった。現代アートの彫刻は大きく、重たいものが多い。車が運べるような大型で速度の速いエレベーターの開発が必要であった。

ハード以上に大きな課題は、コレクションを保有せず、その相互交換ができないなかで、魅力的で、世界に通用する企画展示をどのように実現できるかということだった。ソフトの体制づくりは着工してからになった。また、52階の展望台、同じ階の展示室、そこから少し分離された53階の展示室の展示内容、チケッティング、動線等が課題として残っていた。

最終的に超高層ビルの最上階5層を使って、53階と52階は美術館と展望台、51階は多様なレストランを備えた会員制クラブ、50階は美術館スタッフのためのスペース、49階はアカデミーヒルズというキャリアアップのための学校・図書館等を配置した。その全体をアーツセンターとし、パリのポンピドゥー・センター[注10]のような概念で文化都心の核施設に位置づけた。

会員制クラブについては、以前から様々な試みをしてきた。もともと、再開発は既存のコミュニティを破壊するから問題なのだという批判に応える一つとして考えた。現代都市社会では、従来の地域コミュニティは成立しにくい。そこで会員制倶楽部が趣味とか立場の近い方々が集まるソサエティ、シティクラブに代わるのではないかと想定した。

アークヒルズでは当初、ホテルオークラに業務を委託して法人制のクラブを設置していたが、接待用の法人利用が多く、会員同士のコミュニティはできなかった。

そこで、六本木ヒルズに向けて、アークヒルズクラブの改革に取り組んだ。まず、ホテルオークラのクラシックなデザインをテレンス・コンラン氏のモダンデザインの内装に一新した。入口ロビーには森稔氏のコレクションのル・コルビュジエの絵画を展示し、クラブとしての性格を表現している。また、会員はゴルフ場のように、法人でも個人名を限定し、個人同士のコミュニティが育つように様々な交流イベントをするようにした。こうして新規にオープンしたのが1998年のことであった。

注10　ポンピドゥー・センター
通称ポンピドゥー・センター（Centre Pompideu）は、パリにある総合文化施設である。設計は建築家レンゾ・ピアノ、リチャード・ロジャースおよびチャンフランコ・フランキーニ。主に公共情報図書館、国立近代美術館・産業創造センター、映画館、多目的ホール、会議室等で構成される。（Wikipedia より）

六本木ヒルズクラブでは、この考え方を延長して、多種多様なレストラン、バンケットホールをつくり、会員の枠を広げるために、コンラン事務所にインテリアデザインをお願いした。

49階のアカデミーヒルズの前身もアークヒルズにあった。先代の森泰吉郎氏はもともと大学教授だったので、最終的には学校をつくりたかったようだ。しかし、文部省（現：文部科学省）の監督下では自由な学校はできないと判断して、まずは財団法人森記念財団（現：一般財団法人森記念財団）をつくり、東京を中心とした都市研究をすることにした。財団に加えて、アークヒルズの地下4階に「核シェルター」（第3章参照）としてつくったスペースを活用して、外部の人材も含めてキャリアアップのための教育を行う「アーク都市塾」を開設した。「アーク都市塾」は社会人を対象にした半年間の夜学で、都市計画、ファッション、ニューメディア等のコースがあった。そこから、東京都心を俯瞰できる都市模型も生まれたのである。

96年には「アカデミーヒルズ」と名前を変え、場所もアークヒルズの36階に移動し、新しくインターネットやビジネス、経営のコースを増やして充実させた。このアカデミーヒルズの発展型を、六本木ヒルズの49階に設置することにした。

プロジェクトファイナンスの組成

地方の再開発の場合、事業費の概算とその資金手当ては事業の成否に直結することなので、当初から検討すべき課題になる。ところが、東京都心の場合には必ずしもその進め方が良いとは言えない。東京は都市圏人口が3500万人を超える世界的巨大都市である。しかし、そのポテンシャルを

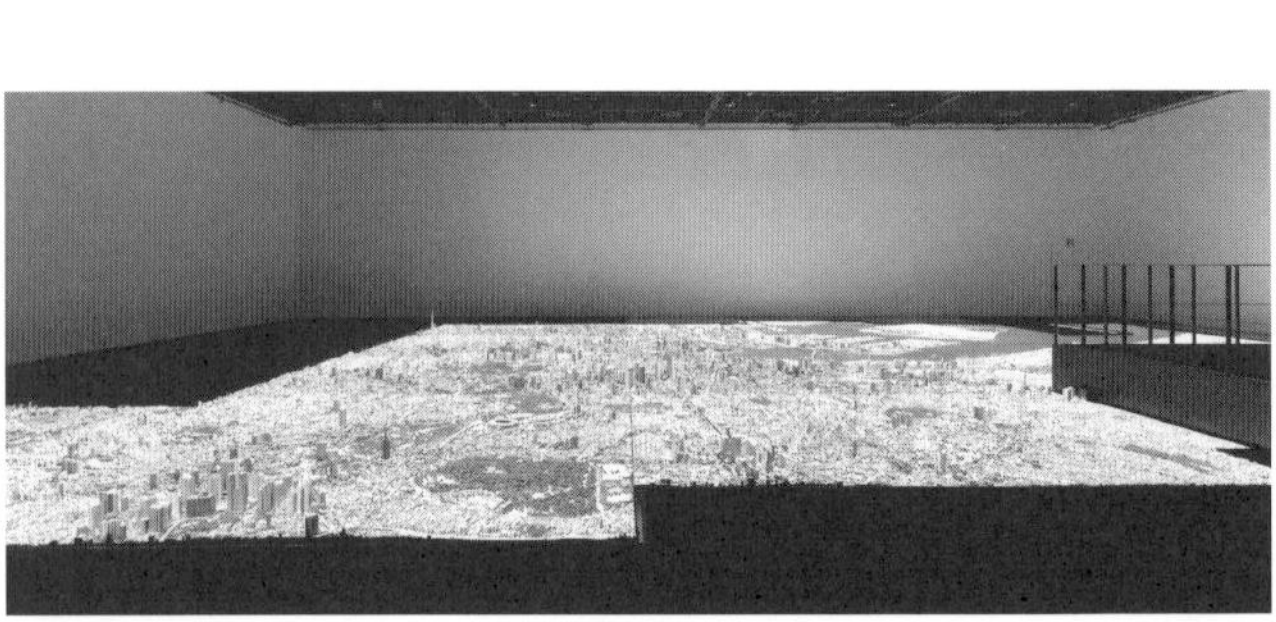

都市模型　1000分の1のサイズで東京都心部を再現している（森ビル製作）※

十分に活かしきっているとは思えない。地域価値を大きく変えるような都市開発を受け入れる力が、まだあるように思う。どういうイノベーションができるかを想定したうえで、事業の成立可能性を検討する方法のほうが、地域価値を大きく上げる可能性がある。

したがって、六本木ヒルズの場合、まずコンセプトを設定し、それを実現するためのインフラや施設の内容、規模、その組み合わせ、各施設のイノベーションに力を注いだ。地域価値を大きく変える案が出来たところで、事業の成立可能性を本格的に検討した。もちろん、計画というものはスパイラル状に検討すべきである。当初より事業の成立可能性は頭に入れていたが、バブル崩壊によりそのトレンドでは事業は成り立たないことが、明らかであった。まず、何をつくるかということから考えざるを得なかったとも言える。

経済状況は1995、1996年頃少し回復の兆しが見えたが、97年の消費税の増税が影響したのか、再び低迷した。さらにアジア通貨危機も起こり、97、98年頃には金融危機に陥った。

こうした経済低迷のなかで、ゼネコンに概算見積をお願いした。各社が対象を絞ったうえで、頑張った数字を出してきた。すると、予算に余裕があることがわかった。それを使って、設計変更、性能・品質向上をすることができた。なかでも、95年の阪神淡路大震災を教訓に、耐震力の向上は欠かせなかった。

成熟期に入っても、経済が良いときと悪いときでは建築費が倍近く上下する。良いときは、下請け構造のなかで、各段階で1割アップすると、1・1×1・1×1・1＝1・33になる。逆に悪いときで1割安にすると、0・9×0・9×0・9＝0・73という差になる。経済が悪いときに工事を発注することは、再開発にとって大変価値がある。

一方、資金手当てのほうは大変革が起こりつつあった。88年に銀行の自己資本比率に関する合意、いわゆるＢＩＳ規制が出された。それが92年末に実行され、バブル崩壊後の日本の銀行に重荷になった。銀行は自己資金が足りなくなり、やりくりしてようやく規制を潜り抜けた。

バブル崩壊前の地価が右肩上がりの時代には、森ビルの不動産開発の資金は、自己資金がなくても、銀行借り入れと敷金でほぼ賄えていた。賃貸業中心なのでその年の売上増は見込みが付くため、その分だけ金利が払える。右肩上がりなので、元本返済は求められなかった。それがかなり自己資金を入れないと借り入れできなくなるという大変化を強いられた。

総事業費の３分の１くらいの自己資金を生み出すために、98年に出来たＳＰＣ法を活用して、森ビルが所有する収益物件を信託化し、その受益証券を機関投資家に譲渡すること等を行った。その物件の運営管理は森ビルが行う方式である。運営物件は増やすが、資産については新旧を入れ替える戦略に転換したのである。

日本では、本格的なプロジェクトファイナンスはほとんど行われていなかった。分譲マンションなどは金融機関が採算性を判断して融資を決めるが、根本的にはコーポレイトファイナンスである。プロジェクトがうまくいかないときには、デベロッパー会社がその負債を負うことになっており、金融機関がリスクを負うプロジェクトファイナンスが一般化しているアメリカとは大きく違っていた。

プロジェクトファイナンスにするためには、まずその組成を中心になって進める金融機関が必要になる。今まで政府の金融機関として様々な政策的プロジェクトのファイナンスを担ってきた政策投資銀行が、その役目をしてくれた。政策投資銀行にこのプロジェクトの採算性、意義、その効果を理解してもらうことから始めた。

次に、デベロッパー側と金融機関側がどうリスクを分担するかという、資本と負債の割合を決めることが重要になる。交渉の結果、総事業費2700億円のうち、1千億円は資本でデベロッパーのリスク、1700億円が負債で銀行のリスクになった。

しかし、工事が完成するリスクは負えない、テナントが安定するまでのリスクは負えないという、あるところまではコーポレイトファイナンスであった。

まず、1千億円の資本を自力で調達することが義務づけられた。既存の稼働物件を証券化して得た資金に、新たにアークタワーズを証券化して得た資金を加えて1千億円にした。この際、権利変換価格より高い部分の簿価を償却し、その損失を証券化による売却益と相殺して税金の軽減を図った。

小泉政権になり、「都市再生」が国の政策になった。それも効果があったのだろう。大変厳しい経済状況のなか、資金調達の目途が付いた。

反対派と森稔氏の対決

東京中心部での再開発の最大の課題は、権利者のコンセンサスを得ることである。特に総論から各論に移行する組合設立の段階、完全に各論同意が必要な権利変換認可[注11]の段階と、困難な状況が続くのである。六本木ヒルズも大変であった。

そのような時期に、権利変換の数字の話を進めていた。良い数字が出ようがなかった。そんななか、再開発の意義の話が出るようになった。再開発は自分の財産の価値を上げることが唯一の目的ではない。いざ災害が起きたときに脆弱な今の資産をサステナブルな資産に改変すること、子供や孫に誇れる街をつくること、再開発によって失われつつあるコミュニティを新時代に合わせて再生すること等の議論が始まった。数字だけでない、再開発の大義を考えるようになった。再開発が、

注11　権利変換認可
都市再開発法に基づき従前の土地・建物の評価をし、それを従後（再開発後）の土地・建物に置き換えることを権利変換というが、それを都道府県知事が認可することを意味する。

権利者にとって本物になったと言えよう。

同時に、自分の財産が少しでも増えることに越したことはない。それが事業の成否によって不安定なのは心配極まりないとの声が大きくなった。デベロッパーに権利変換の保証を求める意見であった。

デベロッパーにとっても、バブル崩壊は初めての経験であり、先の見えない状態であった。ただ、東京にはまだポテンシャルが残っている。都心部であり、イメージを大きく変えることができれば、必ず地域価値を上げられるはずだ、というアークヒルズの経験から学んだ信念があったのだろう。森稔氏（当時：社長）は、1996年6月の準備組合総会で「皆さま方が森ビルを信じて、任せてくれるのであれば、事業費の調達、保留床の買い受け、個別権利変換の数字を約束する」と宣言した。この言葉で組合設立に向けて大きく動きだした。しかし、試練は続く。

300人ほどの権利者がいて、その90％の人が準備組合に参加していた。再開発に総論としては賛成しているが、個々に異なった事情を抱えていた。事業化に進むためには、この個々の事情に応えないといけない。個々の事情にも応え、理解を深める活動を精力的に行った。

一方、10％程度の未加入者がいて、そのなかの多くは反対運動を活発化していった。行政も積極的に対応してくれたが、理解を得るまでには至らず、デベロッパーの森ビルと話をしたいという方向になっていった。そこに、加わらなかった3％の未加入者の同意を何とか確保して、組合の認可申請に向かうことができた。

97年5月の組合設立申請決議のための会合には、反対派の権利者も参加し、賛成派と反対派の意見交換の場になった。そこでは、あえて決議はせず、1週間延ばして、粛々と決議した。その後、数多くの公共施設管理者の同意を得て、98年1月にようやく申請を港区に出すことができた。

組合設立にあたっては、組合理事長を交代することにした。準備組合では森稔氏が理事長をしていたが、組合とデベロッパーは利益相反になることが多いので、地元で長い間まとめ役を果たしてきた原保さん（第6章参照）に本組合の理事長に就任してもらった。代わって、森稔氏は組合の特別顧問に就任することになった。そして98年10月に、ようやく設立総会を開催できた。

組合設立直後に権利変換計画をつくることになる。組合設立申請のために権利変換計画案をつくったのは95年。権利変換基準日は99年、4年も経過している。その間に、地価は40％も下落していた。約束した地権者の権利変換を守るために、事業費はできる限り圧縮した。保留床価格の上昇には目をつぶり、権利床価格を最大限下げることにした。

駐車場やDHC（地域冷暖房）[注12]は共有床でなく保留床にし、住宅棟は権利床棟と保留床棟に分けるなど、様々な工夫をすることにより、約束を守ることができた。また、住宅を取得した権利者の維持管理費の負担を生み出すために、事務所棟の中に権利者の共有床をつくり、それを森ビルが借り上げることにして、安定収入を確保することにした。さらに、この共有床が将来バラバラにならないように、民事信託[注13]を導入することにした。

残った反対者への対応にも力を入れざるを得なかった。反対派の組織は区と話をしていたが進まず、森ビル社長が出てくるべきとの話になったようだ。社長も入った会合がセットされた。それぞれの主張が繰り返されて、平行線が続いた。そのうち、反対派のほうからは「我々がこれだけ反対しているのに、再開発を強行するのはデベロッパーのエゴではないか」と非難された。それに対して、森稔氏は「どちらがエゴか、これだけ多くの地権者が賛成しているのに、それを止めるほうがエゴではないか」と反論した。民主主義の本質論にまで及ぶ見解の相違になった。話し合いについては諦めつつあり、自分たちの処遇をどうするつもりかという話になってきた。

注12　地域冷暖房
複数の建物に対して、1か所にまとめた冷暖房・給湯設備で製造した冷・温水等を供給するシステム。

注13　民事信託
受託者が限定された特定の者を相手として、営利を目的とせず、継続反復しないで引き受ける信託のことで、信託銀行の取り扱う信託商品や投資信託（商事信託）とは違い、財産の管理や移転・処分を目的に家族間で行うもの。（「相棒弁護士ナビ」HP、弁護士法人プラム総合法律事務所梅澤康二弁護士説明より）

ここまで反対を続けると、再開発に参加することには抵抗があるのだろう。反対派の個々の事情に応えるために、個別対応して転出先とその条件を決めることを進めた。積み残す権利者の数をできる限り絞って進めるのが、再開発事業の鍵であろう。

なかには、最後まで粘っていればごね得があると考える権利者もいるだろう。確かに、行政は行政代執行をやりたがらない。しかし、買収と違い、権利変換は物々交換を同時に行う仕組みになっている。物理的行為なしに、登記上強制権利変換ができる。権利変換期日に、反対者の土地は権利者全員の土地の共有持ち分になり、建物は組合のものに登記される。このことを理解されずに頑張る人がいた。物理的に動いてくれないと、工事はできない。本来は行政代執行が法律の建前だが、行政は動かない。組合が、民事で立ち退き命令を裁判所に訴えることにした。結果的に、1人を除いて裁判前に決着した。

2　着工からオープンまで（2000年〜2003年）

大手ゼネコンの総力戦

権利変換認可を得て、仮住居を提供したり、仮住居補償をしたりして住民の移転ができれば、解体工事、本体工事の着工になる。まだ数人明け渡しができていない人がいたが、2000年4月に着工できた。大林組と鹿島建設にはセミアクティブダンパーを使ったオフィス棟を、住宅等は清水建設と戸田建設に、ホテル

工事中の六本木ヒルズ※

棟は大成建設、テレビ朝日等は竹中工務店、シネコンは熊谷組という日本の建設会社の総力戦の体制がとれた。

解体開始から竣工までわずか3年という短い工期で、この巨大な工事が進むことになった。まず、工事を完璧に安全に遂行しないといけない。通常なら、まず道路等のインフラが整備されて、敷地が確定してから、建築工事が始まる。しかし今回は、解体、インフラ工事、建築工事をほぼ同時に進めるという無謀な進め方をとることになった。多くの人が十数年も待たされた。やると決まったら、1日も早く、質の高い建物を完成させるのが、再開発の宿命である。

しかも、森ビルにとって初めてのビートゥーシー[注14]事業が数多く組み込まれている。ところが、運営計画が先に出来て、それを反映して設計されているわけではない。工事をしながら、運営計画をつくり、設計を変更していく作業も山ほどあった。複雑な工事を、工期、コストを守って正確に行うと同時に、設計変更に柔軟に対応することが求められた。

常識的には不可能なこの短い工期で完成させたことは、大変称賛されるべき工事である。そこに携わった関係者の努力、能力、協力体制については高く評価すべきであろう。

そのなかで、特に私の記憶に残っていることをいくつか書いておきたい。まず、解体のガラの膨大な量のことである。敷地全体で解体しながら道路づくりをした。そのつど搬出せずにガラを敷地内に山積みにしていた。ガラの山が三つくらい出来ていた。しかも、アスベスト対策を完璧にしないといけない。丁寧に解体することが求められた。それが悪質な解体業者からの脅迫を避ける

注14 ビートゥーシー (BtoC: Business to Consumer)
企業・法人が個人に対してサービスを提供すること。

ミュージアムコーン※

ためにも必要であった。東京に震災が起きたとき、このガラをどう処理できるのかを考えさせられた。

解体の際に、最後まで残られた権利者が1軒あった。発言力のある人で、社長に直接会ってもらうなど、最善をつくしたが、理解を得られず、残ることになってしまった。ようやく、権利変換で自分の名義でなくなったことがわかり、交渉に応じるようになった。話ができるようになっても、移転先を決め、建物が完成して転出するまで1年以上かけることになった。その間、その部分の工事に入れなかった。早く明け渡しをお願いすることが、双方にとってメリットがある。何とかスムーズにできる仕組みが出来ないものか、そのような仕組みづくりを期待したい。

また、同じ建設会社でも建築工事部隊と土木工事部隊ではやり方が大きく違うことがわかった。土木工事は行政からの仕事が多く、単年度主義で発注され、建築工事との絡みの経験は少なかったようだ。今回のような土木工事と建築工事を同時に進める経験はなかったようだった。しかし、関係者の努力と知恵の出し合いで目的を達成できたことは、称賛に値する。

オフィスビルのワンフロアは1300坪くらいある。これを水平に平らにつくるのは大変だということもわかった。当然ながらたわみを計算して工事をするのだが、その通りになかなかいかないようだ。大きいものをつくる際には、それなりの配慮が必要であろう。

複合の超高層ビルの場合、縦に人・モノを運ぶ動線を、限られたグランドレベルでどう処理するかが大きな課題になっている。それは工事でも同じようだ。工事資材と人材をどう効率よく揚げられるかが、大きな課題になった。その点への十分配慮した設計が望まれる。

森美術館※

注15　デヴィッド・エリオット
元森美術館館長。1976年から1996年までイギリスのオックスフォード近代美術館を経て、96年から2004年までスウェーデンのストックホルム近代美術館館長を務めた。近代・現代美術館評議会で国際美術館委員長を歴任。

完璧な設計図のもとに工事をするのが工事側からは理想だが、事業者側としては最後の最後までより良いものをつくる検討を続けたい。特にビートゥーシー事業で、運営と設計が絡むことについては、最後まで設計変更をせざるを得ない。そのことを施工者と設計者に理解してもらい、協力いただかないと、事業の成功にはつながらない。そのためには、事業者・設計者・施工者の信頼関係、協力体制が欠かせない。共通の目標を持ち、それに向かって各人がその持ち場で最善の努力をする関係をつくり上げることが大事になる。

アーツセンターとその運営計画、体制づくり

美術館としてコレクションを持たず、各国の美術館からコレクションを借りて、企画展を組み立てるには、その美術館から他の日本の美術館にない何らかのリスペクトが得られないといけない。

まず、コンサルティングをお願いしたMoMAの力を借り、インターナショナルアドバイザリーボードを立ち上げた。世界の著名美術館の館長にこのボードの委員になっていただき、監修・指導を受けながら、国際的に質の高い企画展をつくることにした。

次に、国際的に評価の高い館長を、ヘッドハンティング会社に依頼して選定することにした。何人かの候補者のなかから、イギリス人でオックスフォード近代美術館、ストックホルム美術館の館長をしていたデヴィッド・エリオット氏[注15]を採用することにした。このとき、世界ではグローバル水準の学術界・美術界の人材をヘッドハンティングする会社があることを知った。

注15　日本・東アジアの建築に関して造詣を深めたデヴィッド・エリオット氏は、東京での過去5年の成功に続いて、イスタンブール近代美術館の館長に就任。

六本木ヒルズクラブ※

エリオット氏のもとに、学芸員のスタッフを多数採用し、日本では他にない充実した人材を揃える美術館をつくることにした。

展望台と53階の美術館は1枚のチケットで両方入れるようにし、現代アートの敷居の高さを少しでも下げようと考えた。東京というありとあらゆるものを飲み込んだ巨大都市は、現代アートと通じるものがあるように思う。それを感じられる人もいるかもしれない。他の目的でも良い、現代アートに触れる機会を増やすことが目的であった。

それに対して52階のギャラリーは貸しギャラリーとしてサブカルチャー的なもの、人気のある展示を企画している人に使ってもらうことにした。アートの客層を広げることも、文化都心の重要な役目と考えていた。

51階の会員制レストランは、少し前に始めたアークヒルズクラブというシティクラブを拡大、発展させたものである。若い起業家、自由業の方を含めて、幅広い客層に対応するクラブとして、同じテレンス・コンラン氏の内装で、若々しくバラエティに富んだ雰囲気をデザインしてもらった。

一方、49階のアカデミーヒルズは、アークヒルズのアカデミーヒルズを解消、発展させたものである。キャリアアップのためのスクール、会員制ライブラリー、貸し会議室の三つの事業からなっている。それぞれ、相乗効果が高く、隈研吾氏の居心地のよい内装で高い評価を期待した。今となって考えると、今話題のウィーワーク[注16]の先駆けのような構想であった。ここからコワーキング[注17]のビジネスモデルができなかったのは残念である。

六本木アカデミーヒルズ※

注16　ウィーワーク（WeWork）　コワーキングスペースを提供するアメリカ企業の名称。

注17　コワーキング　スペースを共有しながら独立した仕事を行う共働ワークスタイル。

ホテルはハイアットと組む

ホテルについては、東京では「グランド」の名称はここでしか使わないと約束したので、名前は「グランドハイアット東京」としたが、六本木ヒルズと一体のホテルというコンセプトは守ってもらうことにした。

アークヒルズの開発時には、アークヒルズという地区全体のブランドが理解されず、全日空は「東京全日空ホテル」という名前にこだわった。アークヒルズとは別の存在という位置づけであった。そのため、連携が十分でなかった。その反省を踏まえて、「グランドハイアット東京」とのハード面・ソフト面での連携に力を入れ、相乗効果を期待した。

最大の課題は契約の経済条件であった。オフィスビルの賃貸経営を長年、東京都心部で行ってきたデベロッパーにとって、ホテル経営は面白いものでなかった。ホテル経営は初期投資の大きい装置産業であり、同時に人件費負担の大きい労働集約産業でもある。しかも、スペース産業で、変動率が高く、上限が決まっている難しいビジネスでもある。

オーナーとオペレーターがウィンウィンの関係になるよう、ハードネゴシエーションをした。最終的には、総売上に対するベーシックフィーは最小限にし、GOP（営業総粗利）に対するインセンティブフィーを高くした。しかも、最低GOPを定め、そのラインを超えない場合にはインセンティブフィーは発生しないことにした。結果的には、想定以上の売上、GOPが確保され、ウィンウィンの関係を築くことができた。

グランドハイアット東京※

森ビル側ではオペレーション会社「森ビルホスピタリティコーポレーション」をつくり、多くのスタッフを採用し、労働集約産業に進出することになった。国際的会計システムを勉強し、その雇用システムを理解することにもなった。

商業施設の運営計画、体制づくり

商業施設については、2核1モール[注18]の典型的なショッピングセンターをつくる考えはなかった。文化都心という「街」をつくることから始めた。街は多様な通りによって構成される。まず、メトロハット、ウエストウォーク、ヒルサイド、けやき坂通りの特色あるストリートをつくり、その通りの特性を活かした店を並べるという考えであった。

「街歩きが楽しくなる」という発想で、モノ消費からコト消費に消費行動が変わりつつある傾向に対応した配置である。その配置が買い物目的に来訪した人にはわかりにくいことは確かであった。街歩きが楽しいことを、買い物なり、飲食の消費にどうつなげることができるかが鍵であった。

そこで、マーチャンダイジングでは「オンリーワン」をコンセプトにした。他にない商品がある、他にない飲食を味わうことができる、他にない居心地のよい環境がある。街歩きのなかでそれらを発見する喜びを感じ、自分のものにしたくなって消費する。そんな商業施設を目指した。

オープン後は、確かに迷っている人が多くいた。もう二度と来たくないという人もいた。一方で、何度来ても新しい発見があると面白がる人も数多くいた。狙い通りだったが、そこでの消費の持続は永遠の課題であろう。

近くに住んでいる人、ここで働いている人、外から遊びに来る人、買い物に来る人、インバウンドで観光に来る人など、様々な人が利用している。だが、それぞれに対応する店舗・商品を並べる

注18　2核1モール
二つ以上の核店舗を専門店モールで結ぶスタイル。

と、性格のない街になってしまう。六本木ヒルズフィルターで色が付く、そんな特性が感じられるブランドになることが望まれる。

住宅棟の運営計画、体制づくり

住宅に関しては、文化都心としてのクオリティ・オブ・ライフを実感できる住宅になるよう、インテリア、サービスの質にこだわって計画した。住宅のタイプとしては4種類用意した。権利者中心の実用性の高いB棟は、転売される可能性も高いので、価格の下がらない、価値が維持される水準を確保した。

東京都心部の最高級集合住宅の地位が得られるような最高品質のデザイン、サービスを提供するC棟では、フロントはB棟と一体化し、高品質でありながらリーズナブルなサービス、メンテナンスを目指した。また、B棟に隣接するA棟は、唯一の低層棟で、屋上にガーデンを設えて低層住宅を好む人のための賃貸住宅とした。

東京一のサービスアパートメントの評価を得るべく計画したD棟では、1LDK、2LDKの快適な都心ライフをエンジョイできるように、インテリア、サービスに高い目標を設定した。同時に、ワンルームマンションを保有している権利者に対応すべくスタジオタイプ[注19]も用意した。

さらにD棟では、オフィスも兼ねることが可能なように、クリエイティブな仕事をしているフリーランサー用の事務所兼住宅も配置した。

1964年の東京オリンピック以降、都心部では様々な高級分譲マンション、賃貸マンションが建てられたが、そのステータスは田園調布の邸宅街を超えることはできなかった。それを超えるブランドを持つ都心の集合住宅づくりが、その目標であった。

注19　スタジオタイプ：間仕切りのない広いワンルームで30〜50m²程度の広さを有するもの。

ヨーロッパの美しい街並みは、集合住宅が建ち並ぶことで出来ている。東京にも集合住宅が建ち並ぶようになったが、そのような街並みを見つけることはできない。六本木ヒルズのけやき坂に建ち並ぶ4棟の集合住宅で美しい街並みが形成されることも狙いであった。

オフィスのキーテナントはゴールドマン・サックス

東京のオフィスでは、2003年問題が話題になっていた。バブル末期にはビルが一斉に着工され、それが崩壊後の1994年に一挙に竣工して、需給を完全に壊してしまったことがあったからだ。

IT企業のIPO（新規上場）が流行となり、オフィスの新たな需要が生まれつつあったが、不況は続いており、頼みのIT用地が供給され、2000年にはITバブル崩壊と言われるようになった。そんななか、汐留に大量のビル用地が供給され、2003年にそれらが一斉に竣工することになった。加えて、六本木ヒルズも同じ年に完成することになったので、その年のビルの供給量は1994年を超える状況になっていた。それゆえ、94年以上に悲劇的なことになるのではないかと騒がれていた。

それがなくても、六本木ヒルズではネット面積（専有賃貸面積）で5万坪くらいの賃貸オフィスが供給される。他のテナントを惹きつけるようなキーテナントをコミットさせる（積極的に関与してもらう）必要があった。アークヒルズがオープンした頃、そのオフィスビルは国際ファイナンシャルセンターと言われるほど、国際金融機関が揃っていた。その後、多くの機関は業績拡大により移転していったが、そのなかでゴールドマン・サックスとリーマン・ブラザーズはアークヒルズで拡張していた。

そのうちのゴールドマン・サックスは申し分のないキーテナントであろう。当初からゴールドマン・サックスの意向、リクワイヤメント（要求事項）を聞き、それに合わせたオフィスのスペックで設計していた。

それにしても、95年の阪神淡路大震災は衝撃であった。そこで、大地震が発生しても事業が継続できる建物にすべく耐震性能を上げた。一瞬でも電気を止めないようコージェネレーションシステム[注20]を導入し、セーフティネットの質を高めた。

具体化してくると、テナントのファシリティーマネージャーが出てくる。電気容量、空調容量等が決して足りないことがないよう、安全係数を掛けて要求を出してくる。そのままでは、明らかにオーバースペックに思えた。適正な量を想定して設備化することが求められる。

ゴールドマン・サックスには専用入口を用意して、キーテナントになってもらった。リーマン・ブラザーズも入居した。少し時間がかかったが、IT企業が次々に育ち始めて入居し、2003年問題は解消された。

2003年問題が比較的早く解消したのは、早くから騒がれたためビルへの入居希望者に2003年には家賃が下がるという思惑が生まれ、借り控えが起きたからだと考えられる。1990年代の後半から、ビルの供給量は平均供給量より少なかったので、潜在需要が溜まっていたとも言えるだろう。

駐車場の運営計画と体制づくり

本格的にビートゥーシー事業の街をつくるのは森ビルにとって初めての経験であったので、駐車場をどのように計画し、運営するのかが難しい課題であった。まず、どれくらい車を利用して来訪するのか予測が付かなかった。一般的に、東京の人は郊外のショッピングセンターに行くときには車を使うが、都心の繁華街に行くときには電車を利用している。六本木ヒルズはそのどちらに属す

注20　コージェネレーションシステム
熱源より電力と熱を生産し供給するシステムの総称であり、国内では「コージェネ」あるいは「熱電併給」等と呼ばれる。内燃機関（エンジン、タービン）や燃料電池で発電を行ってその際に発生する熱を活用する。発生電力は商用系統と連系し供給され、廃熱から発生する蒸気や温水は、製造業のプロセス利用や空調用の吸収式冷凍機、あるいは給湯の熱源として利用される。（コージェネ財団HPより）

るのか、判断が付かなかった。
まず、できる限り駐車場を多くつくることにした。また、駐車場の出入口が少ないと、最初の満車になるまでに時間がかかることになる。出入口をできるだけ多くつくり、出入りを分散させた。さらには、スペースを節約し、1台当たりのコストを削減するために、最新の機械式駐車場のシステム、エレベーター、スライド方式を全面的に採用した。

乗降口のロビーがある快適な駐車施設のイメージを定着させるために、待合場所の環境づくりにも力を入れた。また、最初は不具合が出てくる可能性が高い。素早く改修して完璧、安全な機械にすべくメーカーと協力して取り組んだ。

時間貸しだけでも千数百台分の駐車場が出来たが、それが満車になるのは年間でもそれほど多くない。東京の人は六本木も含む都心へ行くときに車は使わず、電車で行く習慣があることがわかった。

この機械式駐車場のシステムは、現在では様々なところで使われるようになり、性能も向上し安全性も高く、スタンダードになってきたようだ。

インフォメーションセンターの設置

ベルリンのポツダムプラザの再開発[注21]では、工事中にインフォメーションセンターを現場近くに設置して、広く市民や関係者の理解を深めて、評判になっていた。街の将来図や模型を展示し、ポツダムプラザの将来像をわかりやすく伝えていた。

六本木ヒルズでもそれにならい、工事現場が望めるノースタワーの最上階にインフォメーションセンターを設置した。来訪者はそこでプロジェクトを理解したうえで、屋上に上がり工事現場を見

注21　ポツダムプラザ再開発
ドイツの首都ベルリンのミッテ区「ポツダム門」にある主要な広場で、また交差点でもある。東西ドイツ統一後、この地域を4分割し、それぞれを開発するデベロッパーに売却した。当時は、ヨーロッパ最大の再開発だった。4つのうち最大のものはダイムラー・ベンツが担当した。レンゾ・ピアノによって基本計画が立てられ、個々のビルはこの基本計画にそって、それぞれ様々な建築家の設計で建てられた。2番目に広い地区はソニーが担当し、ヘルムート・ヤーンのデザインによるヨーロッパ本社を建設した。(Wikipedia より)

注22　猪子《いのこ》 寿之《としゆき》
1977年生まれ。アーティスト集団チームラボ代表。四国大学特任教授。東京大学工学部計数工学科卒業。大阪芸術大学アートサイエンス学科客員教授。(Wikipedia より)

ることができるという仕掛けであった。

六本木ヒルズは、巨大かつ複雑極まりない計画である。図面でそれを理解できる人はほとんどいない状況であった。したがって、このインフォメーションセンターは大変意義があった。まず、関係者、権利者、テナント候補者等に大変喜ばれた。特に価値があったのは、プロジェクトファイナンスを組成する金融機関の人々であった。彼らは数字だけで判断することが多いと思うが、数字だけではこのプロジェクトは理解できない。地域価値を根本的に変えそうだと実感できないと、このプロジェクトに融資する気にはならない。だから、ここでのプレゼンテーションは大変効果があったように思う。

もう一つ効果があったと思えるのが、タウンマネジメントのスポンサー探しのときだった。渋谷の東急文化村では、年間スポンサーを選定し、その文化活動の安定化に役立っていると聞いたので、六本木ヒルズでもスポンサー集めを考えた。だが、最初から建設工事やヒルズに関わった企業にお願いすると、広がりが生まれない。完全に関係がなく、かつ影響力のあるブランド企業を確保することから始めた。

ＢＭＷに狙いを定め、インフォメーションセンターを活用して、営業に努めた。本当に今までにない街が出来ることを理解したのであろう。それがＢＭＷのブランドにも合うと判断してくれて、最初のスポンサーになってくれた。このインフォメーションセンターは、その後のコラボレーションパートナーと称したスポンサー集めに大いに効果があった。

インフォメーションセンターに加えて、その足元の六本木通りに面して、

注23　吉岡《よしおか》 徳仁《とくじん》
1967年生まれ。デザイナー、アーティスト。デザイン、建築、現代美術の領域において活動し、国際的に高く評価され、作品は、ニューヨーク近代美術館、ポンピドゥー・センターなど所蔵されている。（Wikipediaより）

THINK ZONE※

「THINK　ZONE」という最先端アートとデザインの表現の場も設置した。若手のアーティストやデザイナーの発表の場を提供することにしたのである。工事現場の前に文化都心の香りを出そうと考えた。長くは続かなかったが、そこにデジタルアーティストの猪子寿之氏[注22]、プロダクトデザイナーの吉岡徳仁氏[注23]が参加していたようである。

タウンマネジメントの計画、体制づくり

通常、話題になるような集客施設のオープン時には、様々なイベントをすることもあって、多くの来訪者が見込まれる。しかし、年数が経つと徐々に集客数は減っていくことが多い。コストが大変かかるためにイベントが打てなくなり、新鮮さが失われ、話題性に欠けてくるからである。

したがって、イベントのコストをどのように集めるかが鍵となる。そこで大いに力になったのが、石原慎太郎都知事が打ち出した「シャレまち条例」（東京都しゃれた街並みづくり推進条例）である。それまで容積緩和を受けるための公開空地は公園の代わりなので、そこで商売をしてはいけないというルールだった。そのため人が入りにくい公開空地をつくる傾向があった。それに対して、石原都知事は公開空地を積極的に活用すべきという条例を制定した。

そうなると、公開空地だらけの六本木ヒルズは大変有利になる。既存の道路や公的広場でイベントをする場合には、関係する団体や官庁が多く、その調整に大変時間がかかることが多い。それに対して、六本木ヒルズでは全体の管理を管理組合から森ビルが委託を受けることにしているので、交渉相手が絞られる。

注24　辻《つじ》慎吾《しんご》
１９６０年生まれ。森ビル代表取締役社長。横浜国立大学大学院工学研究科修了。85年森ビル入社。２００１年タウンマネジメント準備室担当部長。２００６年取締役。２００８年常務取締役。２００９年取締役副社長。２０１１年森ビル代表取締役社長に昇格。

タウンマネジメントによる賑わい※

しかも、東京の街は看板だらけである。イベントスポンサーがその存在をアピールしようとしても目立ちにくい。対して、ヒルズ内には基本的に看板がないので、大いにアピールできる。この二つの利点を理解してもらえればイベントスポンサーが付くと考え、それをビジネスの柱にするタウンマネジメント部隊を組成することにした。

通常の共用部の維持管理費はテナントからの賃料と権利者の管理費から賄い、それ以外のイベント費用、そのための固定費はスポンサー収入で賄うというビジネスに挑戦することにした。この新しい街づくりの考えを粘り強く、卓越した実行力でビジネスモデルとして確立させたのが辻慎吾氏[注24]で、現在の森ビル社長である。

注25　佐々木《ささき》葉《よう》
1961年生まれ。早稲田大学創造理工学部社会環境工学科教授・早稲田大学大学院創造理工学研究科建設工学専攻教授。
研究分野：景観論・土木構造物のデザイン論・土木史。
（早稲田大学HPより）

文化都心としての装いづくり

人々が街歩きを楽しむ。そこをブラブラ歩くことによって得られる雰囲気、居心地のよさ、美しさなどの新しい発見に感動する街づくりが、文化都心の目標であった。当初、商業施設部分を設計するジャーディー事務所から、アメリカ西海岸のランドスケープアーキテクト事務所を紹介された。そこに提案してもらったが、西海岸調のカラフルなデザインで、日本の街にはならない、テーマパークのようになってしまうと感じた。そこで、西海岸のワクワクするようなデザインを参考にしながら、世界に誇れる日本庭園の精神に基づいた外構デザインを佐々木葉氏[注25]に監修してもらい、日本のスタッフにお願いした。緑が多く、落ち着きがありながら、楽しさを感じられるランドスケープになったと思う。

特に、毛利庭園の改修には力を入れた。専門委員会の答申に沿って、日本庭園の哲

毛利庭園※

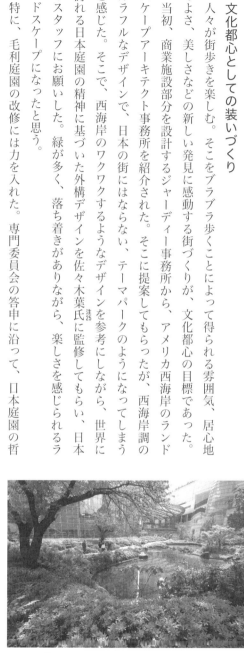

学に基づいて、周囲の環境の変化に対応したデザインを心がけた。新しい環境になじむよう、細心の注意を払うことにより、ジャーディー氏のデザインにも、槇氏のデザインにも違和感なく納まったように思う。

また、街路樹もランドスケープに欠かせない重要な要素である。けやき坂、桜坂にはその通りを象徴する樹木を植えることにした。特に注意したのは樹木の間隔である。どうしても狭くしがちになるが、狭くすると将来樹木が大きく広がらなくなる。ゆったり目のほうが良いと考えた。

屋上も徹底的に緑化に努めた。住宅棟の屋上はイングリッシュガーデン風の庭にした。人気のデザイナーに依頼して住宅のイメージを高める狙いであった。またシネコンの屋上には、造園学の進士五十八氏[注26]のアドバイスを受け、田んぼをつくることにした。都心のど真ん中で、お米をつくるのである。子供たちが喜び、かつ米づくりを学ぶ場にもなる。

街路には必ず並木を植える。低層部の屋上は徹底的に緑化する。毛利庭園の周りには緑地の塊をつくる。広場にも適度に樹木を植えるなどして、緑被率を高めた。年数が経つと、樹林が成長して緑被率はさらに高まっていく。いずれ、華やかさのなかにしっとり感が出てきて、成熟した街の姿になっていくことが期待できるだろう。

街歩きのなかで、新しい発見をする喜びに、アート作品の存在も欠かせない。純粋なアート作品も面白いが、実用性もあるアーティスティックなデザイン作品も楽しい。歩き回るなかで一番必要となるベンチを、世界でこれぞと言われる建築家、デザイナー、アーティストにデザインしてもらった。その道の第一人者の内田繁氏[注27]にコーディネートしていただき、作家を選定し、各人にオリジナルなベンチをつくってもらった。大変バラエティに富んだストリートファニチャーが並んだと思う。座り心地を試しながらの街歩きも楽しいであろう。ただ、これが六本木ヒルズのベンチであ

注26　進士《しんじ》五十八《いそや》
１９４４年生まれ。造園学者、農学者、福井県立大学学長、元東京農業大学学長、地域環境科学部造園科学科名誉教授。公園デザイナー、農学博士。造園学・環境計画学・景観政策学を専門としている。（Wikipedia より）

注27　内田《うちだ》繁《しげる》
１９４３年～２０１６年。インテリアデザイナー。学校法人桑沢学園専門学校桑沢デザイン研究所第９代所長。毎日デザイン賞、芸術選奨、紫綬褒章他多数。（Wikipedia より）

注28　ルイーズ・ブルジョワ
１９１１年～２０１０年。フランス・パリ出身のアメリカ合衆国のインスタレーションアートの彫刻家であり、画家、版画家。90年代からは、巨大な蜘蛛を象ったブロンズ像ママンを制作。六本木ヒルズ森タワーなど世界9か所に展示されている。（Wikipedia より）

六本木ヒルズ屋上の田んぼ※

るという存在感はない。そういうベンチを数多く配置するのも一つの方法のような気がする。

加えて、まさに六本木ヒルズを象徴するようなパブリックアートが必要である。エントランス広場のルイーズ・ブルジョワ氏[注28]の蜘蛛をかたどった彫刻作品「ママン」がそれである。既存の作品だが、森夫妻の選択がピタリとはまったように思う。ヒルズに来た人は誰もがそこで写真を撮る。このようなアート作品がこれからの街づくりには欠かせないと感じた。また、桜坂公園のチェ・ジョンファ氏[注29]による「ロボロボ園」も、児童遊園にとっては的を得た作品になった。

パブリックアートを工事費の何パーセントと決めて、義務的に設置しているところが多く見られる。成功しているケースは少ないように思われる。明確な意図がなければ成功しない。抽象的な作品より、人や動物からモチーフを得て、誰もが言葉で人に伝えられる作品のほうが、多くの人に愛されるようだ。

ライティング、照明計画も現代の都市づくりに欠かせない事柄である。六本木ヒルズでは多才な建築家に、それぞれの建物をコラボレーションしながらデザインしてもらった。照明デザインも1人でなく、複数のデザイナーにお願いすべきと考えた。まず、全体のマスタープランを面出薫氏[注30]にお願いした。彼に照明計画の全体像を描いてもらい、それぞれの部分に適切なデザイナーを選定することにした。

照明計画は建物を明るく照らすことではない。夜の環境、雰囲気、景色をつくるものである。明暗のバランスの演出とも言える。暗さのなかの華やかさ、暗さのなかの際立ちを意識した照明ができたように思う。しかし、暗さのなかの安全性には細心の注意が必要なのは言うまでもない。

ルイーズ・ブルジョワ の「ママン」※

注29 チェ・ジョンファ 1961年韓国ソウル生まれ、同在住。ヴェネツィア・ビエンナーレ2005では韓国館の代表に選ばれたほか、リバプールやシドニー、台北、リヨンなど世界中の芸術祭に参加している。また、平昌2018パラリンピック冬季競技大会では、開会式・閉会式のアートディレクターを務めるなど活躍の幅を広げている。（Wikipedia より）

最後にサイン計画である。文化都心でのサインとは何かと考えさせられた。最初は文化都心のコンセプトに押されたのか、スタイリッシュで、クールなサイン計画がつくられた。しかし、デザインとしては美しいかもしれないが、人にサインが伝わらなかった。サインとしての機能を果たしていなかった。

ベタなサインでないと、人に伝わらない。しかし、ベタなデザインでは文化都心としてのブランドはつくれない。ジレンマに陥る課題であった。しかも、六本木ヒルズは高低差のある立体都市である。まず、立体を平面に表現すること自体が難しい。オープン後も何度も改良を続け、今の形になった。今後もチャレンジし続けないといけない問題だろう。ただ、皆がスマートフォンでナビができる時代では、杞憂に終わるかもしれない。

ブランディングはDISCOURSE（対話）を共通標語に

六本木ヒルズという極めて巨大で、複雑怪奇な街は一言で表現できない。人々が期待を持ち、安心感を持てるような街になるためには、ブランド価値が高くならないといけない。どうしたら、高いブランド価値が出来るかが、最後の課題であった。

消費者に対するブランドづくりは、ラフォーレ原宿、ヴィーナスフォート[注31]を除いて初めてのチャレンジであった。相談相手として、電通や博報堂でなく、水野誠一氏（元西武百貨店社長）の紹介でアメリカのクリエイティブ会社にお願いすることにした。ワイデンアンドケネディというオレゴン州のポートランドという人口60万人ほどの都市に本社を構える組織であった。ナイキのブランディングで成功し、日本ではユニクロのブランディングで注目を集めていた。それを中心となって進めていたジョン・ジェイ氏が東京事務所の代表をしていた。

注30　面出《めんで》薫《かおる》　1950年生まれ。建築照明デザイナー。東京藝術大学、同大学院修士修了。ヤマギワを経て、90年に株式会社ライティング プランナーズ アソシエーツを設立、代表取締役。住宅照明から建築照明、都市・環境照明の分野まで幅広い照明デザインのプロデューサー、プランナーとして活躍。（Wikipecia より）

注31　ヴィーナスフォート　1999年に開業した森ビルが運営するテーマパーク型ショッピングセンター。森ビルとトヨタが共同で江東区青海に開発したパレットタウンウエストモール内に設置されている。17〜18世紀のヨーロッパの美しい街並みが再現されており、この中でファッション・雑貨・化粧品・レストランなど160ほどの店舗が営業している。また、吹き抜けの天井が、時間によって青空から夕暮れ、そして夜空へと変化するなどの演出も行われている。

ブランドづくりのために、まずきちんと調査することから始めたことに驚いた。ブランドづくりは、アイデア豊富な人材とデザイン力のある人材がその発想力で生み出すものと考えていた。そうではなく、地道な調査を行い、そこから抽出した事柄を言語化する作業であった。合理性に基づいたストーリーづくりの研究だった。

そこから生まれたのが、「DISCOURSE（対話）」という言葉であった。DIALOGUEより深い意味があるようで、「言説」と訳すこともあるようだ。「多様な人々が集まり、対話をして新しい価値を生み出す街」というコンセプトを表現したのであろう。六本木ヒルズはそういう街でありたいと願って、それを関係者全員が共有するためにブランドブックをつくってくれた。これを街の運営に携わるスタッフに配布し、研修を行い、徹底する努力を行った。

それが十分に理解され、浸透できたのかはわからない。文化都心というコンセプトに押されて、肩肘を張ったブランドづくりになっていたかもしれない。今なら、「多様な人々がコラボレーションする街」くらいの表現のほうが良かったかもしれないとも思う。

環境に優しく、災害時に逃げ込める街

地球温暖化に対処するために、CO_2の削減が叫ばれ始めていた。工場や輸送機関では削減が進んでいるが、建物は遅れていると指摘されていた。

CO_2の削減は省エネにつながる。省エネは管理コストの削減になるので、積極的に検討した。まずは、地域冷暖房を導入した。地域冷暖房は用途構成が良くないと必ずしもピークカットにならず、効率が高いと言えないことがある。六本木ヒルズはオフィスだけでなく、住宅、ホテル、商業施設、テレビ局があり、昼夜の差が少なく効率の高い地域冷暖房になった。

加えて、コージェネレーションシステムにもチャレンジすることにした。ガスタービンを使ってまず発電をし、その排熱を使って地域冷暖房をする仕組みである。効率は上がりそうだが、実際に東京電力より電気料金が下がるのか、停電の心配がないのかが、疑問であった。

当時、日本の電気料金は高いとされていて、東京電力では毎年のように料金を下げていた。それと同じか、安くないと利用者は納得しない。コージェネレーションシステムによる電気料金の構成要素で下げられるのはガス料金しかない。ガス料金をどう決めるかが最大の鍵であった。東京ガスとハードネゴシエーションをして、東京電力の電気料金と連動してガス料金を下げる約束をして、コージェネレーションシステムを進めることにした。

また、国際金融機関にオフィスに入ってもらうためには、絶対に停電を起こさないようにしないといけない。そのために、万が一のときは東京電力にバックアップしてもらう契約をした。加えて、非常用発電装置を強化し、蓄電池、オイルタンクも充実させた。それでも、テレビ朝日は心配し、コージェネレーションシステムの電気は使わず、東京電力と契約した。ゴールドマン・サックスをはじめとする国際金融機関は理解してくれて、テナントになった。

さらに、BEMS（ビルエネルギーマネジメントシステム）を開発し、細部にわたって空調の調整を行い、省エネをしている。また、中水道の活用、雨水の活用等、水利用の削減にも取り組んでいる。

一方、森稔氏の素朴な疑問が、災害時には行政が指定した避難広場に逃げる

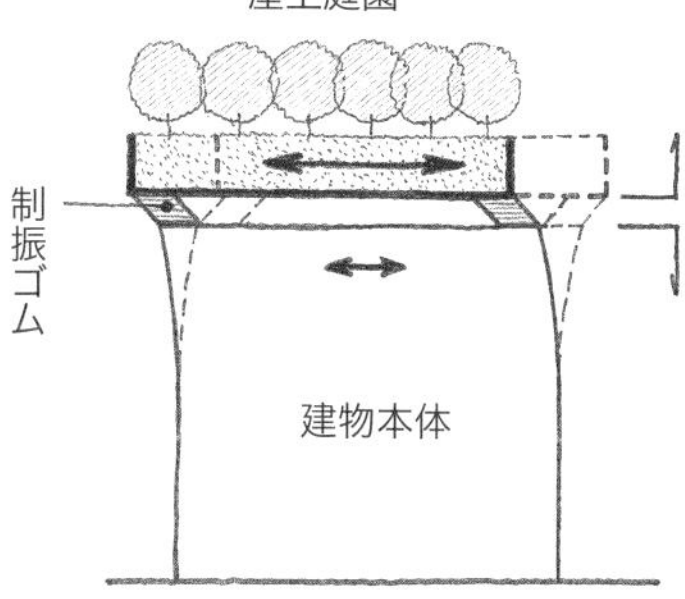

図4　グリーンマスダンパー　屋上を緑化し、水田を載せるなどして重くし、躯体本体との間に積層ゴムと制振ダンパーを入れて揺れを制御する制振システム

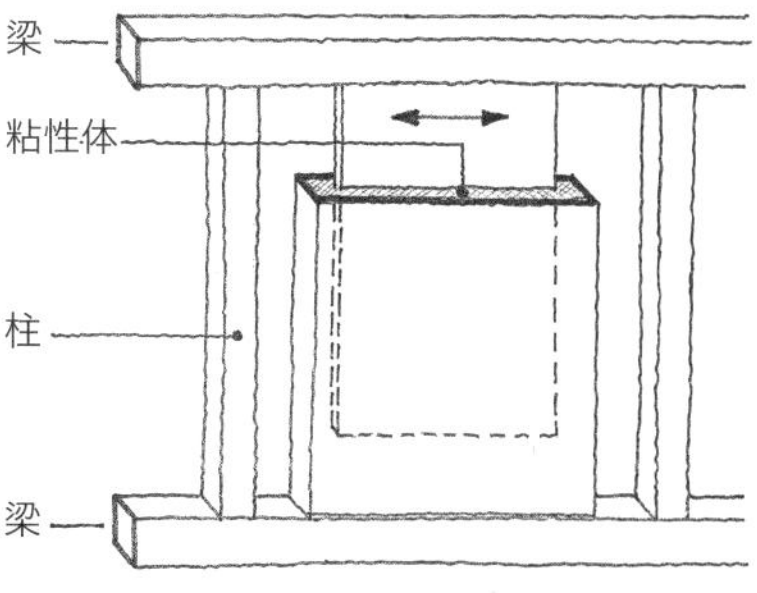

図3　セミアクティブダンパー　粘性体を入れた外部鋼板に内部鋼板を入れ、制振性を発揮する耐力壁

ということであった。災害に強い、安全性の高い街をつくっているのに、逃げるとは何事か、むしろ「逃げ込める街」にしようとコンセプトを定めた。

まず、建物の耐震性を徹底的に高めた。オフィスビルの耐震性を高めるために、セミアクティブダンパー技術のある鹿島建設にＪＶ（共同企業体）に参加してもらった。住宅棟には粘性体制振壁（図３）を、六本木ヒルズけやき坂コンプレックスにはグリーンマスダンパー（図４）を採用し、導入した。

次は、災害時の対応である。ガスは耐震性の強いパイプで供給されるので、比較的持続性が確保されている。万が一のときもバックアップを十分に用意している。消防水利も確保し、災害用の井戸も2か所整備した。また、非常用トイレ、備蓄倉庫も用意している。加えて、災害時のソフト対策として、社員による防災隊を組織した。また、住民、テナントも参加する防災訓練を年に何度か行っている。

六本木ヒルズは華やかさだけでなく、地道に安心・安全対策にも取り組んできた。しかし、回転ドアの事故が起きた。子供に対する配慮に欠けていたのであろう。六本木ヒルズにバギーを引いた若い母親がたくさん来てくれるとは想定していなかった。子供にとって動くものが遊具に見えることも想像できなかった。大いに反省しなければいけない。その後、改善に努め、今では若いお母さんと子供にとっても優しい街、安心・安全に楽しめる街になっていると思う。様々なことを調べ、あらゆることを想像する力が必要である。

8

ポスト六本木ヒルズのプロジェクト

表参道ヒルズ〈手前：旧同潤会アパートの再生〉※

1 同潤会を再開発した表参道ヒルズ（2006年竣工）

設計は安藤忠雄氏

1978年にラフォーレ原宿がオープンし、80年代に入るとDCブランドの聖地になり、原宿のランドマークになっていた。その表参道地区のもう一つのランドマークが同潤会アパート[注1]であり、その存在はいつも気になっていた。

80年代の後半だったと思うが、同潤会アパートの複数戸を社宅にしていた企業がそれを売ることになり、森ビルが購入した。しかし、その頃、同潤会の建て替えの話が三井不動産を中心に進んでいて、当社はお手並み拝見の立場であった。

その再開発の話も、東京都が保有している底地を払い下げるところまで進んできていた。ところが、時はバブルの頂点で、東京都は鑑定価格で払い下げることを譲らず、その価格では再開発できないと、交渉は長期戦になっていた。

そのうち、バブルは崩壊し、三井不動産としては手を引かざるを得ない状況になってきた。そこで、三井不動産が力を入れている大崎駅前で当社が保有している土地と、同潤会で三井不動産が保有している住戸とを相互に売買することにした。

80年前後だったと思うが、品川区では大崎駅前を再開発する考えで、その調査を当時アークヒルズ用につくっていたアーバンシステムという森ビルのコンサルタント会社に委託し、石原舜介委員[注2]長のもとで報告書づくりをしていた。82年には大崎が副都心に指定されたこともあり、売り物件だった駅前の土地を将来役に立つこともあるかと思い、買っておいたのである。その土地が、表参道ヒルズの開発に大きな役割を果たすことになった。三井不動産はすぐに開発できそうな大崎を

注1　同潤会アパート
財団法人同潤会が、大正時代末期から昭和時代初期にかけて東京・横浜の各地に建設した鉄筋コンクリート造の集合住宅の総称。同潤会は関東大震災の復興支援のために設立された団体であり、同潤会アパートは当時としては先進的な設計や装備がなされていた。（Wikipedia より）

注2　石原《いしはら》 舜介《しゅんすけ》
1924年〜1990年。都市計画家、工学博士。東京工業大学建築学科卒業。東京都建設局都市計画課に勤務後、東工大助教授を経て同教授。都市経営の視点から都市計画・社会工学研究を発展させた。（Wikipedia より）

取り、時間がかかりそうだが魅力的な同潤会を森ビルが選んだのである。「おむすびか、柿の種か」、難しい選択であった。

当然、バブル崩壊で同潤会の再開発は止まった状態だったが、再開発は経済の悪い時期に進めるほうが良いと、90年代中頃から積極的に仕掛けに入った。

そのときの最大の課題が、歴史的資産と言われている同潤会アパートをどうするのか、それを超えて人々が納得する建築家は誰かということであった。

森稔氏（当時：専務）は、安藤忠雄氏[注3]を選定し、私が交渉することになった。当初安藤氏は光栄に感じていたようだったが、受けるかどうか悩んでいた。同潤会の扱いが難しく、「私のような関西人が東京の檜舞台で仕事をしたらいじめられる」と言っていた。

そのうち、東京大学工学部建築学科の教授就任の話が来ていると語るようになり、やる気が出てきたようだった。後でわかったことだが、安藤氏を教授に推薦したのは建築史家の鈴木博之教授[注4]で、同潤会についても当然相談していたようだ。

97年、安藤氏は東京大学教授に就任し、同潤会の設計に本格的に取り組むと同時に、地権者への説明会にも出てもらうことにした。通常、建築家は自分の案の正当性を強く言いすぎるので、反発されることが多いため、地権者や近隣住民の説明会には出さないほうが良いとされていたが、安藤氏は独特の話術があるので参加してもらった。安藤氏の建築は好き嫌いがはっきりしていて、嫌いな人からの反発もあったが、徐々に和んできたように思う。

安藤氏が同潤会の建物を1棟残したいと言ったとき、良い思い出はない、残す必要はないという人がいたことには驚いた。外から見ている人は残すべきだと強く言うが、実際に生活している人からすると古臭くて、不便で、早く壊したいのが本音だったのかもしれない。安藤氏は鈴木教授と話

注3　安藤《あんどう》 忠雄《ただお》
１９４１年生まれ。日本を代表する世界的建築家。東京大学特別栄誉教授。「住吉の長屋」（大阪市住吉区）が高く評価され、79年に日本建築学会賞を受賞し、以降コンクリート打ち放しと幾何学的なフォルムによる独自の表現を確立し、世界的な評価を得る。(Wikipediaより)

注4　鈴木《すずき》 博之《ひろゆき》
１９４５年～２０１４年。日本の建築史家。工学博士（東京大学）。東京大学名誉教授。東京大学工学部教授、東京大学大学院工学系研究科教授、青山学院大学総合文化政策学部教授、博物館明治村館長、公益財団法人明治村副理事長などを歴任。(Wikipediaより)

をしていたようで、1棟を昔の雰囲気で再現することでやむを得ないと言ってもらえたのだと思う。もちろん保存運動は起きたが、大きく拡がることはなかった。

森稔氏の主張で表参道のスロープを内部に取り込む

バーティカル・ガーデンシティづくりを標榜している以上、建物の高さをどう考えるかが最初の議論になった。小さくてもタワー状の部分をつくる案も検討された。しかし、表参道の圧倒的な魅力は欅並木によるものであることは衆目一致している。その欅並木に合わせて建物の高さを考えるほうが、立体緑園都市と言えるのではないかと結論づけた。

建物の高さを抑えるとなると、再開発に必要な容積を収容できるかが課題になる。何せ地形の悪い土地である。長さは250m以上あるが、幅は最大でも45mくらいしかない。柄の付いた出刃包丁のような形である。できる限り地下を深く掘って、売場をつくるしかない。3角形の吹き抜けを真ん中に、地下3層・地上3層の売場をつくって、ようやく容積を入れる目途が付いた。その下に駐車場、機械室をつくると、地上は3層の上に住宅2層で23mくらい、地下は地下5層になって30mを超える深さになった。

次に、表参道の魅力の一つ、3%の穏やかな勾配にどう対応するかが課題となった。商業建築で売場をできるだけ大きくつくろうとすると、勾配との調整に苦労する。基本的に水平のフロアが望ましい。現に、安

表参道ヒルズ配置図（出典：国土地理院地図を元に作成）

藤氏の最初の案ではフロアは水平だった。表参道の勾配にすり付く入口から客を中に入れ、水平の床を回遊させるデパートのような考え方であった。

そうすると、表参道に面する路面店が成立しなくなる。店にとって、表参道に接することは大変魅力的だし、歩く人にとっても個性ある多様なお店が通り沿いに並んでいるのは魅力になる。表参道のスロープを何とかそのまま建物に取り込んで、表参道の延長のように内部を回遊させる動線ができないかと、研究することになった。

内部の回避スロープとしては魅力的なものができそうだが、各店舗では店の前のスロープとの段差調整が避けられない。狭い奥行のなかで苦労するだろうが、スロープで囲まれた吹き抜けの内部空間の素晴らしさと、表参道の路面店が出来ることが決め手となり、スロープ案を採用することにした。安藤氏が森稔氏（当時：社長）の案を受け入れることになったのである。

隣接する小学校を取り込む提案

もう一つ大きな課題が、出刃包丁の柄の部分の扱いであった。その裏には神宮前小学校が接しており、小学校の前を塞ぐように建物を建てざるを得ない状態であった。

当時、狭い区道を越えた表参道に面した所には、東京電力の健康保険組合の施設があった。そこで、この施設の敷地を再開発に参加させてはどうかという提案をしてみた。健康保険組合の施設としては良すぎる立地だと感じていたようで、不可能ではない雰囲気であった。

そこで、健康保険組合の土地に小学校の校舎をつくり、橋で区道を渡った同潤会側の商業施設の

表参道ヒルズ内部のスロープ※

屋上を小学校の校庭にする案を考えてみた。大変面白い案で、関係者も即否定というわけでもなさそうだった。

小学校を取り込むのか、取り込まないのかを決着するために、思い切って二つの模型と図面をつくり、地元で公開して関係者の意見を聞くことにした。反対運動が起こるかと心配していたが、冷静に考えてくれた人が多かったように思う。どちらが良いという決定的なことはなく、渋谷区長の判断で小学校は取り込まないことで決着した。このようなオープンなプロセスを経たので、小学校を塞ぐ建物に対して反対運動は起こらなかった。一方で、現在の「ラルフローレン表参道」の場所に小学校の校舎があり、表参道ヒルズの屋上にその校庭があるというユニークな小学校が出来たかもしれないという残念な思いも残った。

最後の課題は、残すことになった同潤会アパートの扱いであった。当初は1棟をそのまま残し、改修する考えであった。ところが、商業施設の一つとして多くの方に利用していただく建物なのに、今の建築基準法に合わなくても良いのかという課題にぶつかった。また、工事の面でも、隣で地下30m以上も掘ることになっていて、その対策も大変だった。

結局、今の基準法に合ったレプリカをつくることにした。建築史家から見ると不本意かもしれないが、「街の記憶を残す」という観点で考えるならば正しかったように思う。

竣工後、表参道ヒルズは話題になった。安藤氏は、積極的にテレビ等のマスメディアに登場してくれて、建物のコンセプト、表参道の景観資源、欅並木に高さを揃えたこと、スロープ通路にした経緯等を詳しく説明してくれた。その影響力は大変強く、東京に行ったら必ず行くべき名所の一つになった。ありがたいことだ。

2 平河町森タワー　シールドの地下鉄を跨いだ複合ビル（２００９年竣工）

千代田区で手がけた再開発複合ビル

平河町の表通りに面して、都市計画協会の小さくて古いビルが建っていた。それに接して市町村会館の比較的大きな空地があり、駐車場になっていた。

神谷町周辺のプロジェクト用地の関係で、市町村会館の部長と親しくなり、この平河町の市町村会館の土地について知った。将来市町村会館として何らかの活用が必要だという情報を得たので、都市計画協会に問い合わせたところ、すでに三菱地所と何らかの取り決めをしており、将来的には都市計画会館の建て替えを考えているとのことだった。

そこで、紀尾井町にある当社の土地を代替地にできないか、都市計画協会に提案した。三菱地所がＯＫなら、そちらに移転しても良いことになり、三菱地所に話をしたところ了解を得て、都市計画協会はそこに代替ビルを建て移転することになった。ちょっとしたきっかけで、平河町森ビルが建てられる貴重な土地を譲り受けることができた。

次に、市町村会館、周辺の地権者に呼びかけ、再開発の啓蒙活動を始めた。しかしバブル崩壊後、必ずしも勢いが出ないときに、六本木ヒルズの再開発が重要な場面を迎えつつあり、そこに力を割かざるを得なくなった。そういうなかでも、担当責任者はきちんとフォローして、地権者の気持ちを離れさせない活動を続けていた。これが、後に大きな力になった。

六本木ヒルズの目途が付き、平河町プロジェクトを本格的に始動するときがきた。地元は担当

平河町森タワー※

責任者がつないでくれていたので即反応してくれたが、千代田区とはそれまで接点がなかった。正面から石川区長に挨拶に行き、森ビル流の街づくりを平河町でやらせてほしいと誠実にお願いした。それに興味を持ってくれたのか、その後は好意的に扱ってくれた。有力な都議にも適宜報告し、理解に努めた。そのうえ、区の担当部長が街づくりに大変前向きな人であったことにも助けられた。地元の組織づくりも比較的スムーズに進み、六本木ヒルズが竣工した２００３年に準備組合の設立ができた。

一気に再開発の都市計画を考えたが、区の部長より手順を踏んだほうが結果的に早くなるケースが多いと聞き、まず広い範囲に地区計画の方針をかけることにした。その後は大きな混乱もなく、少し時間はかかったが、２００６年に再開発の都市計画決定をすることができた。

大成建設の優れた工法

平河町プロジェクトの計画上、最大の問題は敷地のほぼ中央を地下鉄半蔵門線がシールド[注5]で横切っていることであった。立地は良いが、土地利用上に大きな欠点があったので、バブル時代も開発が進まず放置されていたように思う。それを克服できれば、開発効果は高いし、地元もそれを待っていたように思う。地下鉄を避けて2棟建てとすることも検討したが、それではこの土地の立地を活用したとは言えない。跨ぐ案で大きなフロアを確保することで進めることにした。

しかし、地下鉄に影響を与えずに工事をするにはスーパーゼネコンの技術は欠かせないと考え、特定業務代行者の選定を、都市計画手続きと並行して行うことにした。そこで、再開発協会に選定委員会を設置してもらった。各ゼネコンの営業活動は激しかったようだが、純粋に一番技術的に優れた大成建設の案を選んでもらった。その結果、地下鉄に影響を与えず、無事に工事を終えること

注5　シールド
「シールド」と呼ばれるシールドマシンを使い、壁面は分割されたブロック（「セグメント」）を組み上げて構築する工法をシールド工法という。ここでは同工法による地下トンネルを指す。

ができた（図1）。

住宅と事務所どちらを上層部にするか

地下鉄を完全に跨ぐことができたので、広いフロアを確保することができたが、次の課題は住宅部分とオフィス部分のどちらを上にするかだった。下には高速道路もあり、加えてビルも迫っていて、明らかに上部のほうが価値は高い。それをどちらにするか、大いに議論した。上部は皇居側の最高裁判所の高さを越えていて、皇居を完全に見ることができる数少ない貴重な場所であった。その価値を価格に反映できるのは分譲マンションだと考え、上部を住宅にした。これが正解だったようで、皇居が完全に見える住宅は最高値で売ることができた。

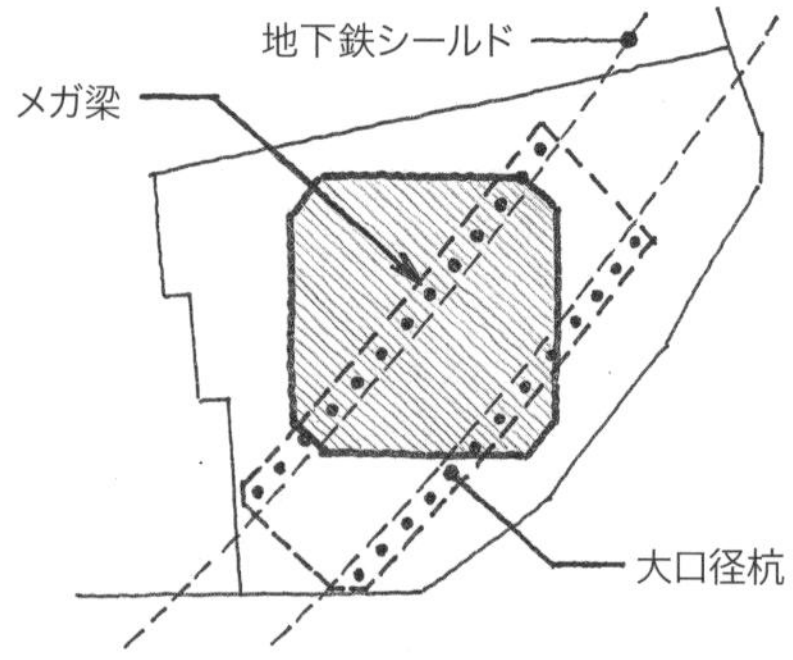

図1　平河町森タワー配置図と地下鉄　地下鉄を跨いだメガ梁を設けることで、大フロアを確保することが可能となった。

3　アークヒルズ仙石山森タワー　アークヒルズを東側へ拡張（2012年竣工）

虎ノ門・麻布台再開発の一部として国有地入札

虎ノ門・麻布台地区の地元への呼びかけは、六本木ヒルズとあまり変わらないときから始まった。しかし、これはという計画案がつくれず、力がなかなか入らなかった。

プロジェクト区域の北側に仙石山という高級戸建て住宅地があり、日陰規則も厳しく大きな障害になっていた。仙石山の住宅地は、新橋地区の商人にとってはステータスのある住宅地で、彼らの多くは成功したら仙石山に住宅を建てることを目標にしていたと言われている。その対応策の一例

注6　虎麻プロジェクト　虎ノ門・麻布台再開発プロジェクトの略称。虎ノ門・麻布台地区は、東側を神谷町駅から桜田通り沿いに、南側を外苑東通りに、西側を放射1号線に接するエリアである。アークヒルズ仙石山森タワーは2012年に竣工しているが、現在、その南側で約8・1haの面積に日本一の高さ330mの超高層ビルを含む延床面積86万m^2の再開発事業が建設中である。

が、仙石山アネックスの建設であった（第1章で詳述）。

アークヒルズ仙石山のさらに北側に位置する城山ヒルズ（91年竣工、第4章で詳述）の計画より前に、仙石山の北端に防波堤のような5階建ての住宅・オフィス兼用の仙石山アネックス（78年竣工）を、その地権者と共同で建てた。それが緩衝材になったようで、城山ヒルズはそれほど反対もなく、計画を進めることができた。仙石山に住宅地としてのステータスを感じている人々に「時代が変わってきている。仙石山も変わる時代に来ている」と感じて認識してもらわないと、虎ノ門・麻布台地区の再開発プロジェクト（以下、虎麻プロジェクト）[注6]の進捗は難しいと考えていた。

バブルが崩壊した90年代はなかなか動けない状況であったが、99年になって、林野庁のグリーン会館[注7]を競争入札にかける動きが出て来た。その年の11月に入札があったが、応札者は1社だけで、予定価格に達せず不調になった。六本木ヒルズは着工間近になって、次は虎麻プロジェクトに力を入れることになる。そのためには、グリーン会館を抑えるべきだと考え、２０００年2月に行われた2回目の入札に応札し、落札できた。森トラストが狙っていた物件であったが、虎麻プロジェクトの進捗のために応札したのである。資金的心配もあったので、ある大手生保と話をし、グリーン会館中心に虎麻プロジェクトの1期として、早期着工も考えていた。

虎麻プロジェクトとして、一気に大規模開発するか、1期と2期に分けてグリーン会館とそこに接する仙石山の一部で先に進めるべきか、検討した。その地区内の仙石山の地権者には前向きな人が多く、２００１年に準備組合が成立し、先に進める方向が定まった。

当初の大街区構想では、幹線道路沿いの標高が低い部分にオフィス

アークヒルズ仙石山森タワー※

注7　グリーン会館
林野庁の外郭団体が所有していた宿泊、宴会施設。虎ノ門・麻布台地区にあり、１９９９年に競争入札になった。

を並べ、尾根沿いの高い部分には住宅なりホテルなりを配置する土地利用を考えていた。ところが、林野庁宿舎の入札があり、第4章4節でも触れたが、住友不動産と共同で六本木ファーストビル（93年竣工）を尾根沿いに建てることになった。バブル崩壊後の厳しい状況のなかで、何とかオフィスビルのテナントを埋めることができた。尾根道はエンバシーロードと呼ばれており、ステータスの高い道であったことが評価されたのだろう。

設計はシーザー・ペリ氏、建築は大林組へ

六本木ファーストビルに隣接し尾根道路沿いにタワーを建てる以上、美しいタワーが要求される。しかも1期として進めるのであるから、次に続くフォルムであることが望ましいと考えた。そこで、シーザー・ペリ氏、KPF、リチャード・ロジャース氏[注8]の3巨匠でタワーデザインのラフなコンペをすることにした。各人、かなり力を入れて取り組んでくださった。結果として、シーザー・ペリ氏が優しく美しいタワーのフォルムを提案してくれたので、それを選ぶことにした。

計画がまとまってきた頃はまだまだ経済状況は悪く、建築費もリーズナブルであったが、行政手続きに時間がかかっている間にミニバブル的状況は進み、建築費が上がってきた。着工にあたって、高騰した建築費を下げるべく大林組と森ビルで検討を行った。大林組より鉄骨造を鉄筋コンクリートのプレハブ構法にする提案があり、それを採用した。柱が少し太くなったが、計画上の問題は少なく、工期の問題もなかった。

重要地権者と港区区議会への対応

一般地権者とは別に、宗教法人霊友会、そこが設立した学校法人国際仏教大学院大学、一般社団

注8　リチャード・ロジャース
1933年生まれ。イギリスの建築家。リバーサイド男爵（Baron Rogers of Riverside）という一代貴族の位も持つ。モダニズム建築で機能的なハイテク志向の建築デザインで知られている。ロイズ・ビルディング、ミレニアム・ドーム（ロンドン）、日本テレビ放送網汐留社屋等多数。（Wikipediaより）

法人東京倶楽部と話を付けないといけなかった。

仙石山住宅地の道は私道で、そのほとんどは霊友会が所有していた。霊友会は六本木ファーストビルに少数割合であったが権利者として参加していただいており、良い関係であった。その後、内部でガバナンスの変更もあったが、話を付けることは比較的スムーズに進められた。

難しかったのが、国際仏教大学院大学と東京倶楽部であった。東京倶楽部は、駐車場に貸していた土地を城山のスウェーデン大使館に接して所有していた。地区計画ではそこに道を通すことになっていたので、東京倶楽部にはその道の分だけ敷地を平行移動することをお願いすることになった。東京倶楽部は、明治の初め、不平等条約改正のためにイギリス風の社交クラブをつくる趣旨で設立された日本最初のクラブであり、日本のエスタブリッシュメントしか会員になれない。大変ステータスの高いクラブであった。

不合理な話ではないと理解していても、新興の森ビルに協力するのはいかがなものかという雰囲気であったが、ちょうど霞が関ビルの隣の東京倶楽部ビルの建て替えが進んでいて、この六本木の土地に本格的な倶楽部ビルを建てる話も進んでいることが幸いした。話を聞いてくれる状況になった。

気分を害さないよう、注意しながら丁寧に話を進めた。結果、大変温厚な人が窓口になってくれて、いろいろとアドバイスをくれたこともあって、東京倶楽部にとっても利益のある提案と理解してくれて、話をまとめることができた。

東京倶楽部の設計は谷口吉生氏[注9]が担当することになり、設計の調整にも気を使ったが、比較的スムーズに話を進めることができた。そのときには銀座（ＧＩＮＺＡ ＳＩＸ：次章に詳述）で谷口氏と四つに組むことになるとは想像していなかったが、東京倶楽部とは話が早くまとまり、当方が着工する前の２００５年に建物が完成した。

注9　谷口《たにぐち》 吉生《よしお》
1937年生まれ。日本の建築家。1級建築士。慶應義塾大学工学部機械工学科卒業、ハーバード大学建築学科大学院修了。ニューヨーク近代美術館新館、葛西臨海水族館、丸亀市猪熊弦一郎現代美術館、GINZA SIX他、代表作多数。（Wikipediaより）

一番難航したのが、国際仏教大学院大学であった。学生数が仏教の研究者だけという10人以下の小さな大学院大学で、霊友会の一部と当方が安易に考えていたのが原因だと思う。

再開発には反対しないが、具体的な話に入らない。事務局長が、明らかに学校に有利な話でないと上に相談できないと頑張っていて、まったく話が進まなかった。幸か不幸か、一部の反対があったために区議会がまとまらず、アークヒルズ仙石山プロジェクトそのものの都市計画決定が何度も延期になり、進まなかったのでその時点では実害はなかった。しかし、ようやく学長・理事の有力者と話ができるようになって、移転先の話が具体的にできるようになったが、都市計画の決定、組合成立も迫ってきて、当方には余裕がなくなってきた。

文京区の春日の国有地が気に入っているようで、その話を財務省と詰めようとしていたところ、他にも希望者が出てきたため入札になった。何が何でも決めないといけない状態になったので、高い価格を付け、ようやく落札できた。結果として、最後に一番高い買い物をすることになったが、何とか着工までに決着することができた。２０１０年に文京区春日に大変美しく立派な大学院大学が竣工した。

当時、都心３区（千代田区、中央区、港区）のなかでも港区議会は特別だと言われていた。議会では多数を占めている党が与党になって、そこが区長の政策を支えるのが普通であった。それに対して、港区では与党はいるが区長の政策を支えていないので不思議がられていた。区の幹部が嘆いていたのは、「野党が区の政策を批判するのは当然で苦にならない。しかし与党がその批判に同調してうまく答弁せず、ケシカランと理事者側を非難するので大変困る」ということだった。

仙石山プロジェクトには、まさにこれが当てはまった。何回も建設委員会を開いたが、野党の反対に与党がフラフラして、決められないことが続いた。通常なら理事者側が与党の幹部と話を付けるのだと思うが、それができなくなっている状況で、直接話をしてようやく決着することができたのが２００７年だった。想定より２〜３年遅れたと思う。

またもや住宅階とオフィス階の上下の位置問題

次に、住宅部分とオフィス部分のどちらを上にするのが良いかが課題となった。先に紹介した平河町森タワーでは、皇居への眺望の価値が価格に反映するのは住宅と考え、住宅を上にしたが、ここでは逆に住宅を下にしてオフィスを上にすることにした。足元に緑が多くあり、仙石山の邸宅街も身近に感じられるので、住宅にとって下のほうが環境は良いと判断した。また、駅から少し離れたオフィスに対しては、眺望のプラスと建物の存在感を期待する入居者のニーズに応えられると判断し、オフィスを上にした。上のほうが少しすぼんでいるのでフロアプレートは若干減るが、そのほうが価値があると考えた。

結果としては、緑や街が身近に感じられる住宅の人気は非常に高く、またオフィスはその存在感で高い人気となっている。

4 アークヒルズサウスタワー　二つの大規模再開発をつなぐ（２０１３年竣工）

長期的な事前準備が大事

アークヒルズは、地下鉄駅から遠く、陸の孤島とも言える状態で完成した。そのような立地だったので開発が進まず、結果的に大規模再開発ができたとも言える。

しかし、アークヒルズは大街区構想の第一歩でもある。将来の開発との連携についても配慮した計画がなされていた。アークヒルズの2階の人工地盤レベルで21、25森ビル[注10]の再開発、住友の再開発とつながることを当時は期待していた。

アークヒルズが1986年に完成し、その南隣の住友会館を含む地区の再開発が、住友不動産の呼びかけもあって盛り上がってきた。森ビルも少し土地を持っていて、一緒に呼びかけをしていた。住友不動産とは、林野庁宿舎を共同入札で落札し、六本木ファーストビルの計画を進める際に、ファーストビルは森ビル主導で、後の泉ガーデンは住友不動産主導で進める協定を結んでいた。したがって泉ガーデンの再開発は住友不動産の主導で進められたが、その再開発が21、25森ビルの建て替えに有利になるよう誘導することに、当社は注力した。

88年に泉ガーデン再開発の準備組合が設立され、行政との都市計画の協議が始まった。非常に複雑な地形で、道路整備もされていない地区である。まず、地区施設ゾーニング等を地区全体の地区計画[注11]で定めたうえで、再開発を位置づけるべきという方向になった。地区計画の区域の中に21、25森ビルを含めるよう運動し、行政と住友不動産の理解を得た。ゾーニングについては、幹線道路沿いはオフィス、丘の上は住宅が基本ということになり、21、25森ビルの地区はオフィスに特化することが認められた。アークヒルズと地下鉄新駅を結ぶ歩行者通路、広場等を地区計画で位置づけ、当時としては最高の900%の容積を確保した。

これらの地区計画が94年に定められ、それを元に泉ガーデンの再開発は進捗し、95年に組合設立、99年に着工、2002年に竣工した。

プロジェクトファイナンスの破綻のなかメザニン企業と推進

2000年代に入ると、外資系ファンドの活躍が目覚ましくなり、不良債権の購入が進み、また

注10　21、25森ビル
21森ビルは1971年、25森ビルは73年に竣工し、六本木一丁目、首都高速谷町ジャンクション付近に建てられていた。

注11　六本木一丁目西地区再開発地区計画
住友不動産が主導した第1種市街地再開発事業地区。地下鉄南北線「六本木一丁目駅」と一体になった施設建築物を整備する。泉ガーデンタワー（オフィス）と高層住宅などで構成される。

J−REIT（日本版不動産投資信託）も2001年にスタートし、不動産に対する新しいファイナンスが始まった。

そうしたなか、モルガン・スタンレーから、彼らが取得した大京の紀尾井町ビルと、21、25森ビルの開発権の交換の提案があった。安く買った紀尾井町の利益を確定し、将来性の高い21、25森ビルの開発権を得ようと考えたのであろう。当社も稼働物件（賃貸中物件）であれば、資本部分だけ出せば後の負債部分はオフバランスできる。金利以外の収益があればプラスになり、バランスシートを傷つけずに収益物件を取得できるので、当社にも利益があるとの提案である。

21、25森ビルの開発権の半分をモルガン・スタンレーに譲渡し、半分は保有して、開発ビジネスは当社が行い、手数料を得るというスキームを考えた。開発利益の配分について、開発者側のインセンティブも高く設定できた。

この契約ができ、事業化に向かって進んでいるとき、2008年9月にリーマン・ショックが起こる。モルガン・スタンレーのファンドは破綻し、エクイティ[注12]を放棄することになった。おそらくそれまでの不良債権の転売で相当利益を出していたので、投資家は理解したのであろう。もともとの契約では、開発利益の配分について開発者である当社のインセンティブが常識よりも高すぎて、引き継ぎが難しいとの話であった。事業化も進んでいるところでもあったので、少し譲歩することになった。

このSPC（特別目的会社）のメザニン債券[注13]部分を担っていたのが、オリックスであった。オリックスはメザニン部分をエクイティにして、このプロジェクトに参加することになった。リーマン・

アークヒルズサウスタワー※

注12　エクイティ
ここではSPCを組成する際の資本。

ショックの混乱のなか、体制が整い、本格的にプロジェクトを進めることができるようになった。行政協議、設計、建設会社の決定などについてオリックスの代理人と調整しながら、プロジェクトは進捗した。

森ビルの組織的対応と清水建設のスムーズな対応で完成

アークヒルズサウスタワーは、アークヒルズと泉ガーデンのつなぎ役である。強い個性は必要ないので、効率が良く質の高いビルを目指す森ビルの設計を熟知している入江三宅設計事務所に建築設計をお願いした。品の良いスタンダードな建物になったと思う。

行政協議は地区計画に基づいた計画であり、地元からの反対もなかったので、比較的スムーズに進んだ。21、25森ビルの建設時に、児童遊園を設置していて、それが議会で承認されていたため、その廃止の議会承認で多少苦労したくらいであった。泉ガーデン建設のおりに設定された地区計画に沿った計画であったことが大きかった。

建設会社の選定も、リーマン・ショックの後だったのでスムーズに進んだ。特に虎ノ門ヒルズの施工者選定で最後まで頑張った清水建設が力を入れてくれて、共同事業者も即理解する価格で固めることができた。着工がリーマン・ショック直後だったアークヒルズ仙石山森タワーと大違いであった。

六本木一丁目駅に直結していることもあり、商業部隊は大いに力を入れてくれて、魅力あるテナントを並べ、アークヒルズ、泉ガーデン地区の地域価値を上げたように思う。

注13　メザニン債券
シニア債券（優先債券）とジュニア債券（劣後債券）の中間に位置づけられた債券で、投資家から見た場合、回収順位がシニア債券、メザニン債券、ジュニア債券となる。

5　虎ノ門ヒルズ　環状2号線を跨いだ官民協働の複合再開発（2014年竣工）

森記念財団による環状2号線の研究、土地の高騰と立体道路制度

森記念財団が設立されたのは1981年。環状2号線（以下、環2、図2）が都市計画決定されたのは、戦後すぐの1946年であった。それから35年も経過していたが何の動きもなく、都市計画だけが定められていた。その区域は2階建ての建物しかなく、まさにビルの谷間状になっていた（図3）。

財団の研究の一つとして、「環2を実現する方法はないか」というテーマが設定された。現況調

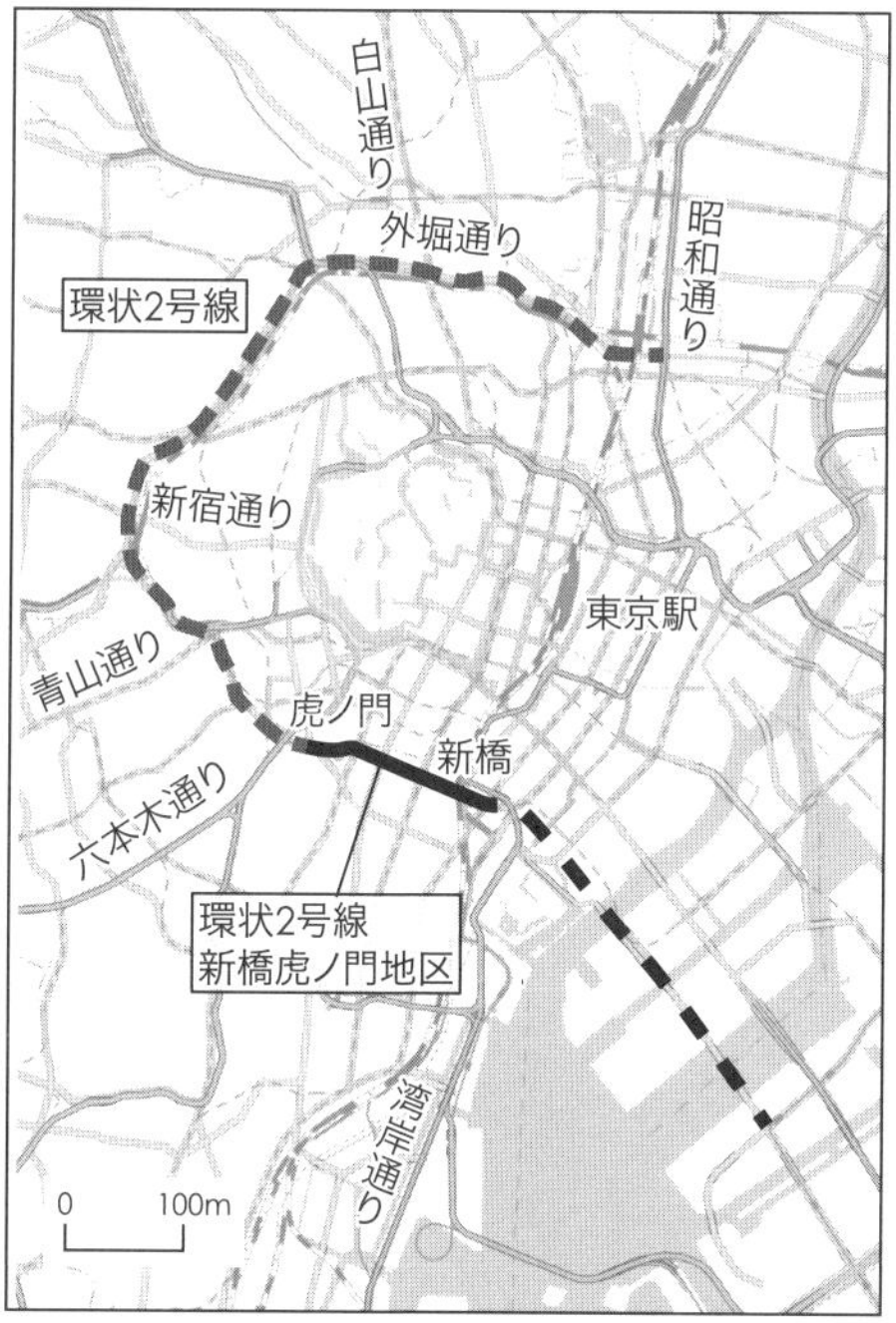

図2　環状2号線と新虎地区　東京都市計画道路幹線街路環状第2号線は、東京都江東区有明2丁目から港区新橋、新宿区四谷を経由し千代田区神田佐久間町一丁目に至る都市計画道路である。長らく虎ノ門から有明地区までが未開通で通称「マッカーサー道路」と言われていた。虎ノ門ヒルズの開発にあたり、虎ノ門から港区新橋をトンネル部分と地上部分に分けて開通し、上部の道路が「新虎通り」と呼ばれている。（ベース地図出典：国土地理院地図ウェブサイト）

図3　環状2号線予定地（白線部分が環状2号線）※

査をして、大変面白いことがわかった。この地域は関東大震災後の震災復興区画整理が行われたところで、30m四方の小さな街区で整備されていた。道路幅員は8m、6mと狭いが、小さな街区だったので、その道路率は35%ぐらいの大変高い数字であった。街区整備された地区の道路率は25〜30%ぐらいと聞いていたので驚いた。当時、大変な減歩（道路拡幅に伴う敷地の提供）を強いられたことがわかった。逆に言うと、40m幅員の環2は再区画整理すれば土地買収をせずにつくることができ、かつスーパーブロック[注14]にすれば増歩（敷地の拡張）も可能ということがわかった。皆で再開発を広域に行い、環2を実現し、かつスーパーブロックの建物に建て替えれば、かつて取られた土地を取り返すこともできると地元に呼びかけたら面白いとも考えたが、行政としてはさらに多くの人を巻き込むのは無理と判断し、土地買収型の環2の整備を検討していたようだった。

ところが、85年のプラザ合意後の金融緩和で地価は高騰し、土地買収方式での環2の実現は不可能になってきた。それまで道路の敷地は、地上も地下も他の用途の利用を厳しく禁じていた。建設省道路局（現：国土交通省道路局）が、用地買収型の整備が難しくなった環2の実現のため、立体道路制度[注15]の研究を始めた。

立体道路制度では、地上も地下も道路区域にするのではなく、立体的に高さを限定して道路区域に指定できるようになった。したがって、それ以外は道路区域ではないので、道路占用許可を受けることなく建物を建設することが可能になった。

この改正が、バブル頂点の89年に施行された。当時は、幹線道路の整備促進と合理的な土地利用を目的として導入されたので、道路の新設または改築の際のみへの適用であった。

99年に石原都政が始まり、2001年には小泉政権が誕生し、都市再生が国・都の施策になり、環2の整備に力が入るようになった。2000年に濱渦武生氏が副知事になり、国土交通省との連

注14　スーパーブロック
複数の街路をまとめてさらに大きな大街区にする意味。

注15　立体道路制度
幹線道路等の整備促進と土地の高度利用に関する取り組みの一つ。道路の上下空間での建築を可能にし、道路と建築物等との一体的整備を実現する制度。順次運用が拡大され、2014年には、既存の道路上に運用可能となった。

注16　第2種市街地再開発事業
第1種は「権利変換方式」で事業を施行するが第2種は「管理処分方式（用地買収方式）」で、いったん施行地区内の建物・土地等を施行者が買収または収用し、買収または収用された者が希望すれば、その対償に代えて再開発ビルの床が与えられる。保留床処分により事業費をまかなう点は第1種事業と同様。

携のもとに、都は本格的に環2実現に取り組むことになった。東京都は従来型の用地買収でなく、街づくりと幹線道路の両方を実現する都施行の第2種市街地再開発事業で、[注16] 道路建設と建物再開発を同時に行うことにした。

虎ノ門から新橋にかけて、三つの再開発を設定した（図4）。行政が道路づくりと街づくりを同時に行うと、幹線道路による街の分断を避けることができるので良い方法である。問題は、行政がその地域にふさわしい、地域価値を上げる建物をつくれるかであった。

特定事業協力者の選定と再度の建築者入札

行政による第2種市街地再開発事業の原則では、行政が建物を設計・工事し、完成したものを民間に入札等で売り渡すことになっていた。行政の事業規模を下げるために、行政が設計まで行い、そこで入札し、民間に工事をさせる特定建築者制度もあるが、これも設計を行政がやることになっている。

バブル崩壊後だったこともあり、行政は設計段階から民間の知恵・ノウハウを入れるべく、事業協力者の仕組みをつくり、応募者から選定する初めての制度をつくった。それに、地元として森ビルと西松建設が応募して選ばれた。それまで不動産開発で行政が民間の知恵を借りることは、タブーだったように思う。行政もデベロッパーも住民も成熟し、新しい時代に入ったと感じた。

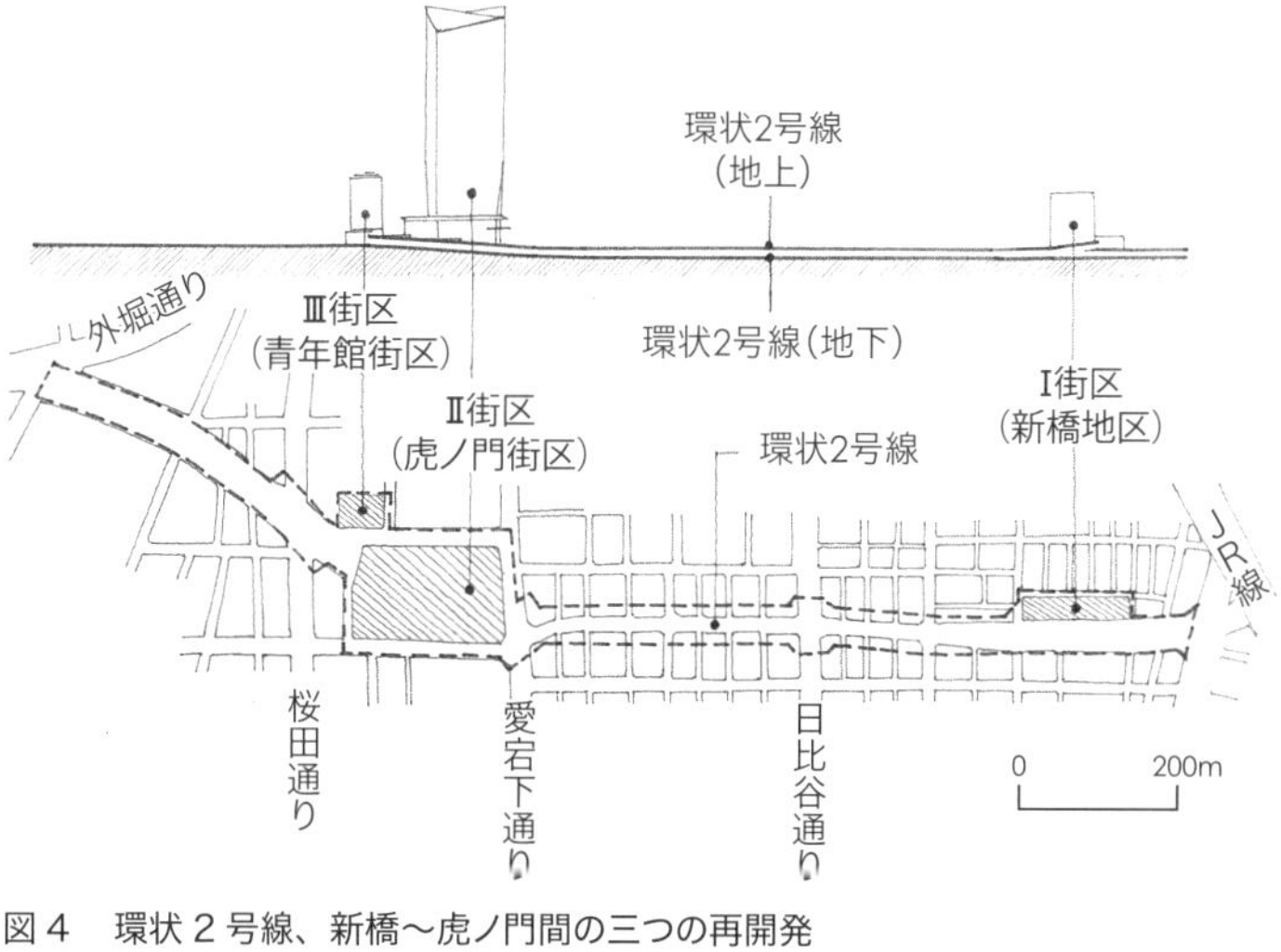

図4　環状２号線、新橋〜虎ノ門間の三つの再開発

2002年に事業協力者が決まり、東京都との協議に入った。当時、東京都の環2の道路構造のあり方はスッキリしたものではなかった。通過交通を処理する幹線部分は地下を通すことは決めたが、その排気をどう処理するかで迷いがあったように思う。排気塔が迷惑施設で、どこに設置するかを決められないでいた。土で排気を浄化できるという説に乗って中央分離帯部分に土を盛る案を考えたり、それでは排気量が足りないので昭和通りのように掘割を考えたりしていた。

第1回の事業協力者と都との協議会で、「平成の時代に入って昭和通りのような道路をつくるのは望ましくない。排気塔が問題なら、再開発で出来る大型ビルに抱えさせたらどうか」と提案した。また、虎ノ門街区の立体道路の扱いも中途半端に感じた。環2本体の上にはビルを建てず、オフィス住宅を複数の建物で配置していた。まとまった広場は取れず、オフィスのフロアプレートも小さく、時代のニーズに合わないものだった。思い切って、完全に環2の上を跨ぐ、フロアプレートの大きい1棟に集約する提案をした。オフィスの上に住宅とホテルを載せる垂直の複合案によって、大きい人工地盤上の広場が出来ると主張した。

もちろん、事業協力者の意見だけで都が計画を変えることはなかった。地権者の方々にこの主張をしていただき、その声が大きくなったので、都は大幅に計画を変えることになった。その結果、森ビルが提案した案を都の計画にすることができた。

第2種市街地再開発事業の原則は、施行者である公共団体が建築工事まで行ったうえで、民間施設は民間に入札で売ることになっている。それに対して、特定建築者制度では設計が出来た段階で入札し、民間事業者を選べることになっていた。

環2では、第Ⅰ街区・第Ⅱ街区・第Ⅲ街区の三つの再開発事業が計画されていたが、どれも特定建築者制度を使うことになった。事業協力者だったからと言って何のアドバンテージもなく、純粋に入札で特定建築者を選ぶことになっていた。

最初の入札が第Ⅱ街区で行われた。区の施設があった敷地で、区の老人福祉会館と分譲マンションの計画で事業協力者の西松建設が応戦した。しかし、何も関与していなかった丸紅が数字だけで落札した。

そこで、森ビルとしては大きなジレンマを抱えることになった。事業協力者の任務は、民間にとってできる限り価値のある計画・設計になるよう都にアドバイスすることである。しかし、そうなると応札者が多くなり、落札価格が上がることにもなる。

虎ノ門17森ビルがあったところが、環2の中心となる第Ⅲ街区で、環2再開発のシンボルである。そこは何が何でも特定建築者になるのが会社の意向であった。森ビルが欲しくなる計画にすればするほど、競争者が増えるという苦渋の状況になった。

このジレンマに対応するため、相乗効果が出れば大変な付加価値が付くが、下手をすると相殺効果になって雑居ビルとして価値を下げるという高度に複雑な複合開発のビルの計画になるよう、都にアドバイスした。

魅力はあるが運営・管理リスクが感じられる案を考えた。まず環2があり、その上に商業、会議場、オフィス、住宅、ホテルの縦積みの複合開発の設計を進めた。

極めて複雑な縦型複合開発設計へのチャレンジ

大きなオフィスのフロアプレートを確保し、かつ人工地盤上に大きな広場をつくるため、環2を跨いで、複数の建物を1棟に集約する超高層タワーにすることにした（図5）。最初の難関が、環2をどう跨いだら良いかであった。直線で、水平状の道路を跨ぐ建物の設計はそれほど難しくないと思うが、環2は第Ⅲ街区では曲線になり、かつ地上の交差点にすり付くために水平ではなく、徐々に地上に顔を出す、勾配が付いた道路であった。建物のコア部分とその北側の虎ノ門側は、人と車のメイン出入口になるので環2を避け、その上にスッポリと乗るように、南側のフロアプレートを設定した。必然的に少し曲面の入ったフロアプレートができ、それをベースに設計が進められた。

設計事務所については、環2の計画で東京都は長年日本設計と相談しており、日本設計以外は考えられない状況であった。タレント事務所（有名建築家が主宰する事務所）に関与させることも考えたが、必然的にユニークなフロア形状になったので、日本設計に外装デザインを含めて全体をお願いした。

次の課題が、人工地盤の形状であった。愛宕グリーンヒルズのように地盤から一定の高さまで垂直に上げ、その上にビルが建つような人工地盤にするか、地盤から徐々に階段上に上がる傾斜状の人工地盤にするかである。人工地盤上に別の世界をつくり、それが愛宕山につながり、また大街区の丘につながる大構想は面白いと考えたが、ここでは環2の地上道路との関係を重視し傾斜状の人工地盤とした。

三つ目の課題は、上層部の住宅・ホテルはフロアプレートが小さくなるので、それを反映して上層部を細くするのか、外壁は下層部と変えずに中に吹き抜けをつくるのかの選択であった。愛宕グリーンヒルズ（第5章で詳述）のシーザー・ペリ氏が設計した二つのタワーは、シンプルで美しい姿で評判であった。それにならい、シンプルに美しい姿を追求するため、コストはかかるが外壁を変えずに吹き抜けをつくることにした。

次の課題は、頂部をどうするかである。大変太いタワーなので、細く見せるためには頂点を斜め

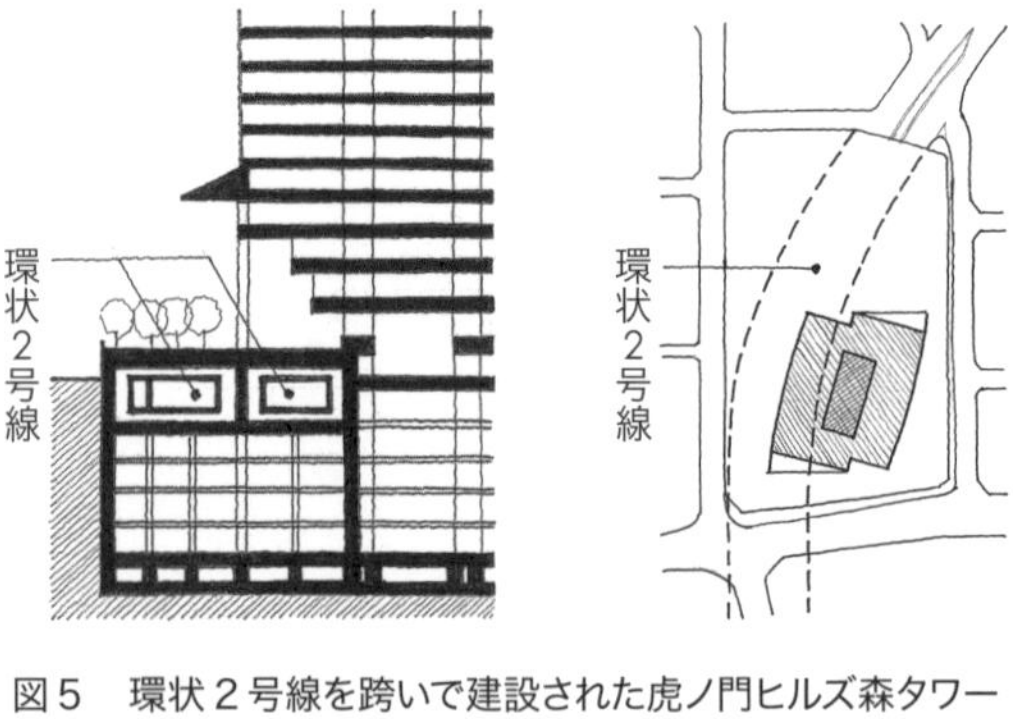

図5　環状２号線を跨いで建設された虎ノ門ヒルズ森タワー

虎ノ門ヒルズ　足元を環 2 が通過している※

にカットしたい。斜めにするとヘリコプター用のヘリパッド、窓清掃用のゴンドラが載せにくくなる。この二つを技術的に解決して、頂部を斜めにカットすることにした。

最大の課題は、縦積み複合タワーにつきものの低層部の取り合いである。各機能の出入口が地盤にあるのが望ましいが、スペースがないことが問題になる。しかも、虎ノ門ヒルズは地盤面の半分近くを環2の道路が占めており、さらにスペースが取れない条件であった。地盤面には、ホテル・オフィスの車寄せ、駐車場の出入口、ホテル・住宅のエレベーターの出入口くらいしか取れなかった。オフィスのメインロビーは2階の人工地盤面に置き、そこからダブルデッキエレベーターで各階に行くことにした。将来、このフロアは隣のブロックと空中歩廊でつながることになっている。何とかなったが、十分とは言えない。大量に車が出入りするような会合はできないビルである。

虎ノ門ヒルズ森タワーの人工地盤※

経済的に有利なプロジェクト

1980年代後半の土地バブルに対応するために立体道路制度が制定されたが、施行されたのは89年、バブル崩壊の直前であった。90年代の後半になって都市再生の声が出てきて、それに応えるため、東京都は環2実現の活動に力を入れるようになった。そのときには土地の価格は大幅に下落しており、再開発に参加せず手放す地権者が多く出てきた。99年に石原都政が誕生すると、道路建設に力を入れ、予算も付くようになり、用地買収が進むようになった。都が土地の先買を進めたので当社の遊休地も都に買ってもらうことができ、先行取得の負担を減らすことができた。

２０００年代に入って、三つの地区の再開発事業の計画づくりが本格化し、森ビルと西松建設が事業協力者になり、積極的に都の案の改善を提案した。

３街区の事業化が本格化したのは、２０００年代の中頃以降、ミニバブル的傾向の出てきた時期である。それまで下がっていた地価も上昇に転じ、建築費も急に高騰し始めた。権利者の土地評価はそれを反映したものになり、また特定建築者が請け負うことになる権利者の建築費も高く設定することになった。２００８年９月のリーマン・ショックの直後に事業計画の変更が行われ、翌年３月に管理処分計画[注17]が決定された。この間、急激に経済は逆回転していた。２００９年の春に特定建築者の入札が行われたが、応募者は森ビルだけで、無理な競争もなくリーズナブルな価格で落札することができた。

道路という公共施設を整備するための土地の先買いは行政が行い、民間建築施設は市場価値で民間が取得するという官・民の役割分担ができたプロジェクトであった。

リーマン・ショックのなかで特定建築者になったので、設計の合理化のため、管理処分計画の修正を都にお願いした。もともとの設計は、ミニバブル的好景気に対応した、高度に複雑化した設計であった。リーマン・ショックで１８０度変化した経済環境に対応するために、設計の合理化をせざるを得なくなり、都では前例のない管理処分計画の変更をお願いし、建築コストおよび運営・管理コストの削減、効率化・合理化のための徹底した見直しを行った。駐車場の掘り下げを一層減らし、その分機械式駐車場を増やしたりもした。しかし、機械式駐車場の選定が適正でなく、車が入りにくいなどの不具合も出た。このことから、慎重にコスト削減をすべきという教訓を得た。

逆に、リーマン・ショックのおかげで建築コストの環境も様変わりした。ミニバブル化した２００７年頃、事業計画づくりが進んでいたので、虎ノ門ヒルズでは土地も建築費も大変高くなる

注17　管理処分
管理処分とは、譲受け希望あるいは賃借り希望の申出をした者の従前の資産を再開発ビルの床に移し替える一連の手続き行為のこと。

ことを覚悟しないといけないと考えていた。リーマン・ショックは100年に一度の大恐慌だとも言われたので、完成しても客が付かない心配も少しはあったが、結果的にはコストは大きく下げられる状況になった。

スーパーゼネコン各社も意欲的に受注競争に参加してくれた。特に清水建設と大林組が頑張ってくれて、最終的に大林組に軍配が上がった。大林組は工期についても大いに工夫をしてくれた。大胆な逆打ち工法（図6）を採用し、地下5階・地上52階の建物を工期3年で竣工させた。東日本大震災が着工直後に起こり、その復興工事も多いなか、よくできたと思う。

6　逆風下の中国進出

大連から上海環球金融中心へ、リーマン・ショックのなかでの竣工

バブル崩壊と東西冷戦の終焉は、ほぼ同じ時期である。今まで閉ざされていた東側が、経済的に解放されることになった。当分の間、東京では大規模開発の事業化は困難と考え、森稔氏（当時：社長）は東側諸国の大都市にチャンスがないか検討を始めた。ロシアのモスクワとサンクトペテルブルク、東欧諸都市、中国諸大都市の視察を行った。

そのなかで彼が可能性を強く感じたのは、上海であった。一部屋に一家族が住むような過密状態で、路上には群衆が溢れていた。その光る眼付に戦後の新橋と同様のエネルギーを感じたのであろう。本格的に上海等、中国への投資の研究を始めた。

中国では、1970年代の後半に毛沢東支配が終わり、78年に鄧小平が権力を握ると改革開放の

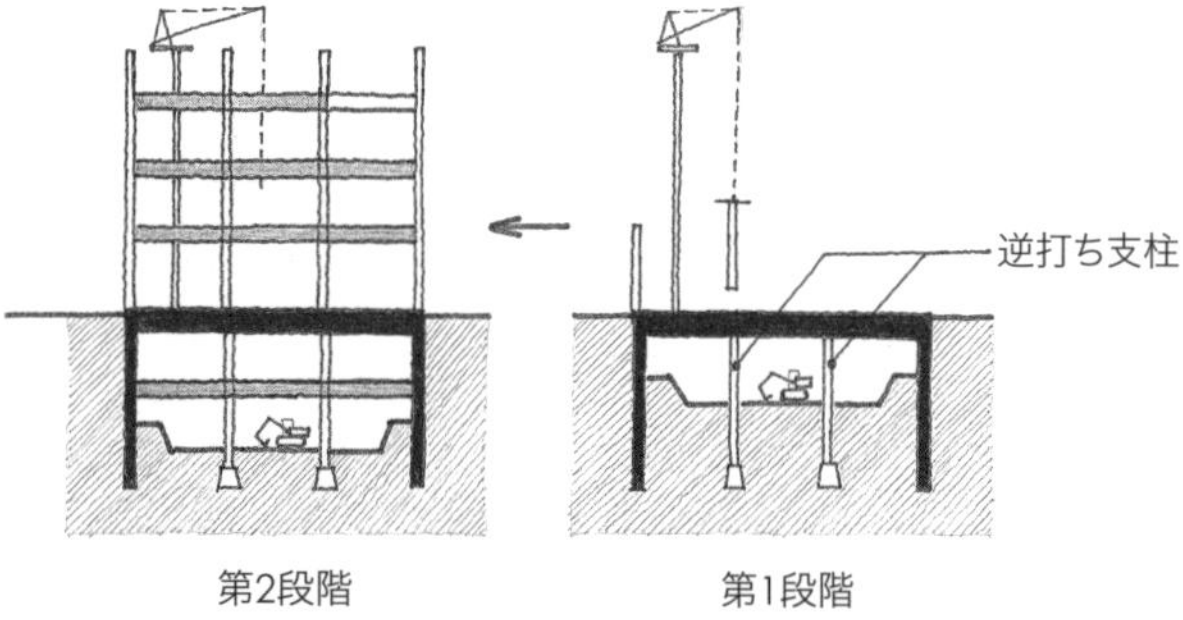

図6　**逆打ち工法**　地下階と地上階を同時に施工する方式。通常は、地下を掘って基礎を固めてから地上階に向けて階層を上げるが、逆打ち工法は、地下1階を作ると同時に地上1階を施工していくので工期の短縮や軟弱地盤への対応では利点がある。第1段階で地下工事を始め、すべて終える前に地上階工事を開始し、同時に工事を進行させる。

政策を掲げた。市場経済体制に移行し、外資の積極的導入を始める。日本の大手不動産会社もこの時期に進出した。上海の虹橋《ホンチャオ》地区は、日本企業が中心になって開発したものである。

ところが、89年に天安門事件が起きた。日本企業は撤退し、進出は完全にストップした。92年に中国は再び改革開放に舵を切る。その年には天皇陛下の中国訪問も実現した。中国は外資の誘致に力を入れたが、怖くて誰もが再進出をためらっていた。

そんななかで、大連は間違いなく実需があることがわかった。大連市は郊外の埋め立て地に工業団地をつくり、積極的に日本企業を誘致していた。日本の食料品や家電メーカーは、日本に輸出する目的で工場を進出させていた。ところが、それをマネジメントする事務所がなく、ホテルを長期間借りして駐在員の事務所兼住宅にしていた。

そこで、まずは日本人駐在員用の事務所をターゲットに大連に進出することにした。当時、大連市長は誘致に熱心で、スムーズに話を進めることできた。次のターゲットは上海とした。日本の東京のように無限の可能性があるように見えたからである。

中国進出にあたって、大原則にしたのが独資で投資することであった。中国は、基本的には合弁でないと外資の進出を認めない。必ず中国側の出資が必要で、そうなると中国側が役員に入り、拒否権を持つことになる。スムーズな経営は不可能になる。森稔氏は中国資本を入れない独資の会社にこだわり、時間をかけて認めさせた。それが大きな力になった。

上海では、旧市街の浦西《プーシィ》と新市街地の浦東《プードン》の二つの候補地があった。

上海環球金融中心（左側のタワー）※

香港等の多くの海外投資家は、街ができている浦西に投資していた。対して、森稔氏はまだ街ができていない浦東の可能性を好んだ。下水道等のインフラが新時代に対応していない浦西より、これから新時代に合わせて整備される浦東の将来性に賭けたのであろう。その発展性に期待して、3万坪クラスのビルが建つ土地と10万坪クラスのビルが建つ土地の二つを借りることにした。後者は浦東の都心地区の中心にあり、上海のシンボルになりうる超高層が建つ可能性のある敷地であった。その巨大ビルを建てる前に、ある程度の大きさのビルの経験が必要と考えたのである。

このような森稔氏の判断力・決断力・交渉力によって、96年には大連に、98年には上海に最初のビルが竣工できた。バブル崩壊で、日本で大きな開発ができないなかで、新規事業を実現させた意味は大きい。

その後、「上海環球金融中心」という101階建て、490mタワーの建設へとつながる。97年に着工はするものの、アジア経済危機を迎え、工事はいったん中断。さらに中国の建設業における外資規制が始まり、施工業者を日本の清水建設から中国のゼネコンに変更しての再開になった。さらに、頭頂部のデザイン変更や、中国政府や国際情勢に左右されながら完成したのは、2008年のことであった。このプロジェクトの実現には、森稔氏とともに森浩生氏[注18]（当時：常務）のなみなみならぬ努力があったことは言うまでもない。

注18 森《もり》浩生《ひろお》
森ビル取締役副社長執行役員。東京大学経済学部経済学科卒業後、株式会社日本興業銀行に入行。1995年に森ビル株式会社へ入社。1997年取締役、2000年常務取締役、2003年専務取締役、2013年より取締役副社長執行役員。海外事業部、管理事業部、PM事業部を管掌。また、株式会社森ビルホスピタリティコーポレーション、上海環球金融中心投資株式会社の代表取締役社長等を務める。

9

GINZA SIX

開発能力を提供した新ビジネスモデル

GINZA SIX 外観

1 プロジェクトの沿革

私がＧＩＮＺＡ ＳＩＸ（17年竣工）に関わったのは、１９９７、１９９８年頃からである。初めて松坂屋の岡田邦彦氏[注1]に会ってから、解体・着工の２０１３年までの十数年間である。１９９９年、岡田氏が松坂屋の社長になられて、本格的に松坂屋と森ビルで再開発の可能性について検討が始まった。それまでは、松坂屋の課題に応えるには再開発が望ましいとアドバイスし、その可能性が高いことを調査・検証していた。ここまでが前史である。

第1幕が本格的にスタートしたのは２００３年の春。多くの地権者に参加していただいた「街づくり協議会」がスタートしてからであった。行政側も受け入れることが確認でき、地権者のほとんどからアンケートを取ったところ、関心が高いことがわかり、協議会をスタートした。ちょうど六本木ヒルズがオープンした年であった。この年から、対外的に再開発の話が進むことになった。その後、２００６年の秋に中央区銀座の地区計画が改正され、そこから建物の高さについて総合設計・特定街区等の許可の例外規定がなくなるまでが第1幕である。

第2幕は、基本設計をやり直して再開発を再度進める体制を整えたところから始まる。２００７年には松坂屋と大丸が合併し、松坂屋のイニシアチブは岡田氏から大丸の奥田務氏[注2]に移っていた。また、２００８年9月にはリーマン・ショックが起き、経済が激変した。そうした状況のなか、奥田氏は再開発をやめる決断をし、森稔氏（当時：社長）にそれを申し入れるために来社した。２００９年の末のことである。これが第2幕の終わりだった。

それに対し、森稔氏は「今まで松坂屋が中心となり、森ビルはそれをサポートしていた。森ビルが主体に再開発をやれば、3年くらいで着工できる」と宣言し、それに対し奥田氏が「任せる」と

注1　岡田《おかだ》 邦彦《くにひこ》
当時は松阪屋常務、後の松坂屋社長、Ｊ・フロントリテイリング会長、第26代名古屋商工会議所会頭。（Wikipedia より）

注2　奥田《おくだ》 務《つとむ》
当時は大丸社長、後のＪ・フロント リテイリング代表取締役社長兼ＣＥＯ兼大丸代表取締役会長。（Wikipedia より）

言ったことで、第3幕が始まった。

それ以降、森ビルが主体となって再開発を進め、2013年の6月に権利変換認可を得て、解体を始めることができたのである。

2　コンサルタント契約の締結　プロジェクト前史

松坂屋を再開発に誘導

1997〜1998年頃、当時常務であった松坂屋の岡田氏に会って、銀座松坂屋についての話を聞いた。銀座松坂屋は耐震の問題があり、大改修か建て替えをしなくてはならない状況とのことであった。それに対して、「裏の街区まで含めた大再開発をすれば大きな開発効果が出るので、大改修・単独建て替えよりも松坂屋の負担は少なくなる。耐震の問題は解決し、かつより魅力のある商業施設が出来る可能性があるかもしれない」と話をした。

99年には岡田氏が松坂屋の社長になり、2000年頃から松坂屋と森ビルの間で再開発の可能性についての研究が始まった。

銀座なのですでに建物は建て込んでいて、600〜700%くらいの容積が既存建物で使われていた。経済的に再開発を実現するためには倍くらいの容積が必要だったため、容積1400〜1500%の建物が建てられるかどうかの検証をまず行った。

銀座は戦後いち早くビル化が進み、1990年代にはその更新時期を迎えていた。しかし、銀座

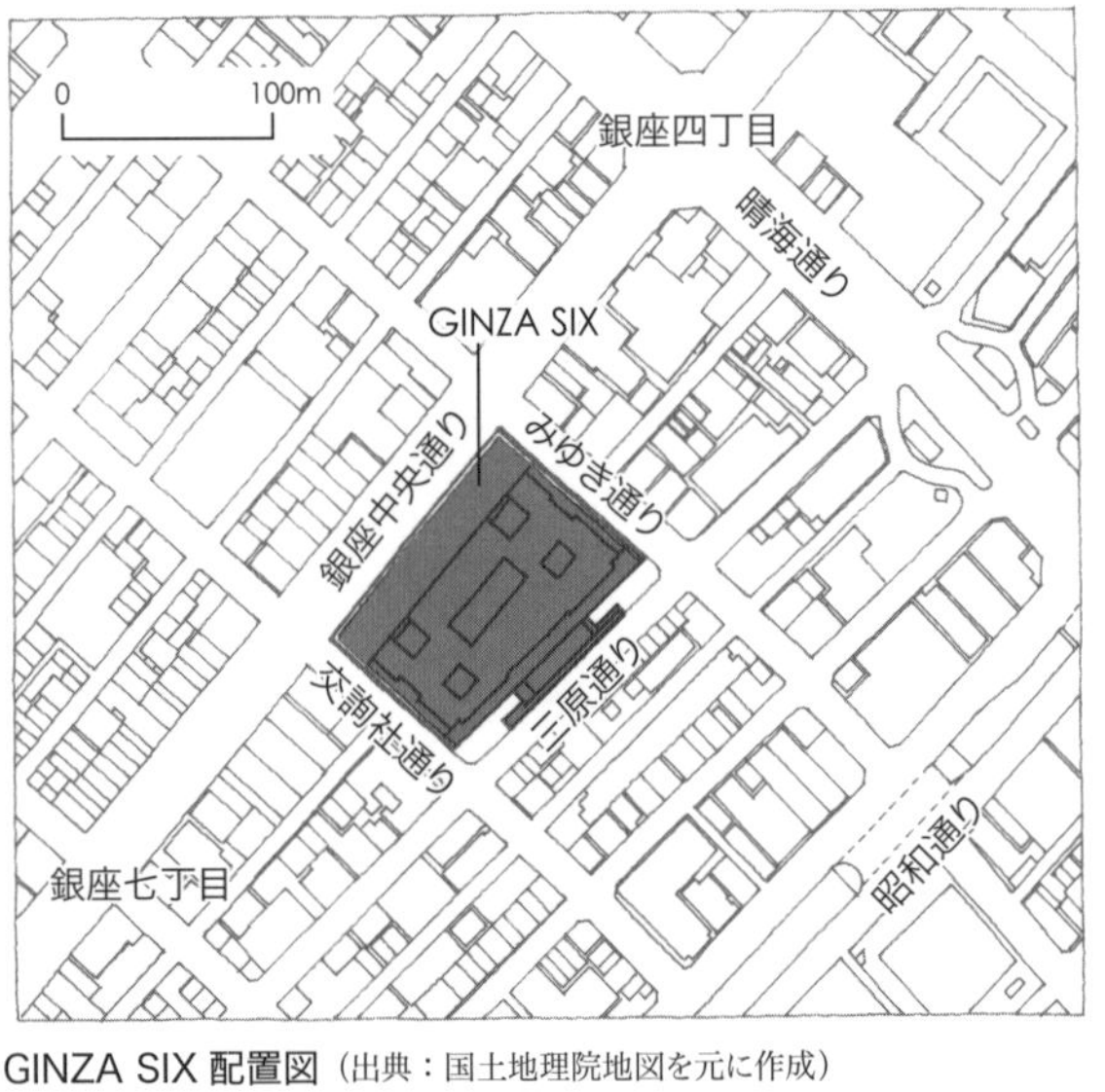

GINZA SIX 配置図（出典：国土地理院地図を元に作成）

の法定容積率は表通りで８００％、多くの既存建物は31ｍの高さ制限のなかで、地下も活用しながらそれ以上の容積を使っていた。バブル時代、銀座の容積は８００％のままで建て替えが進まない。このままでは街の更新ができないということで、銀座のビルオーナーから容積をアップさせる大運動が起こった。

そこで銀座通連合会は中央区と協議し、画期的な地区計画を98年に制定して建て替えができるようにした。これがわずか20㎝セットバックすれば、高さ56ｍ、容積１１００％の建物に建て替えができる「銀座ルール」[注3]である。

ただし銀座ルールがあってもそれまでと同様に特定街区を使えば広場とタワーという形で容積緩和を受けることができた。そこで銀座型の超高層タワーのあり方をまず研究した。低層部の高さは30ｍ以下にして、セットバックも20㎝と銀座ルールに従い、銀座の街並みに合わせて小さい商業ビルが並んだようにつくり、その上に屋上庭園を置き、セットバックしてタワー塔を建てる案を追求した。

銀座通りに本格的なホテルなり高級住宅がないのは問題だと考えていた。マンハッタンの５番街にはそれがあり、夜遅くまで賑わっている。銀座にはそれが足りないが、56ｍの高さでは高級ホテルや住宅はつくれない。56ｍの高さで出来たブランドビルの最上階の高級レストランに行っても、見えるのは周辺のビルの屋上の臓物のような設備機器ばかりである。飛び抜けた高さの必要性を感じた。その案を簡単な模型にして、中央区の助役の所へ持っていって相談した。非常に前向きな話をしていただいた。１５００％の容積が入る案であった。

それと同時に、十数人いる地権者に、松坂屋との再開発に関心があるかを聞くことにした。昭和30年代、40年代に建てた建物が多かったこと、多くの人は貸しビルの所有者で、そこで商売してい

注3　銀座ルール
「にぎわいと風格」をコンセプトに、銀座における建て替えルールを決めた地区計画「銀座ルール」を条例化したもの。銀座街づくり会議と中央区が協議を重ね、２００６年、銀座の建築物の最高高さを56ｍとするほか、屋上工作物の高さ規制などを設けた。

る人が少なかったこともあって、おおむね前向きの感触をつかむことができた。

森ビルはコンサルタントとして

不動産事業は立地が一番重要だと言うが、森ビルは歴史的にはエスタブリッシュメントされた一流地を避け、二流地で主に仕事をしてきた。一流地は地価が高く、希望者も多い。地価の安い二流地で地域価値を上げるような開発を行い、二流地を徐々に一流地に変える仕事をしてきた。銀座のようなエスタブリッシュされた一等地は開発の対象ではなく、やっても、もともと地価が高いので開発効果も少なく、開発ビジネスには成りにくいと考えていた。

確かに、成長時代には量的拡大が必要である。そのために一流地の隣の二流地の開発をし、それを一流地にしていくことは大変価値があり、ビジネスモデルとしては最適だったと考えられる。しかし、日本経済はすでに成熟段階に入っている。その頃、日本の産業構造は、グローバル化とデジタル化に対応するために、生産の主力は工場でのモノづくりから事務所ビルでの知的生産活動やネットワークづくりのほうにシフトしていた。東京のオフィス需要は高い状態が続いていたが、いずれ限界が来るはずである。現に、テレワーク、シェアオフィス、ＡＩ活用による事務オフィスワーカー削減等の話題は尽きない。

また、虎ノ門等の古いビジネス街の陳腐化も激しい。その外側に複合型の多面的な大型ビルができ始め、立地だけでは魅力が薄れてきている。最新の大型開発を超える魅力のある更新事業を進める時期でもある。虎ノ門ヒルズはその先駆けだと位置づけられている。今まで避けていたエスタブリッシュされた場所の魅力をさらに上げる更新事業に取り組むことは、不動産開発の新たなノウハウの開発に必要なことだと考えた。

そこで、松坂屋とは非常に大まかなコンサルティング契約をした。事業化になったら事業費の一定のパーセントをいただく契約で、そこまでは外部に発注する実費以外は手弁当というのが基本的な考えであった。

民間再開発では主に組合が施行者になる方式が使われていたが、この場合は地権者全員が組合に参加することが義務づけられている。法的には事業リスクを各地権者も負うことになっている。これに無理があるということで、再開発の専門力・実行力のある人が再開発会社を創立し、そこが地権者の信任を得て、会社がリスクを負う再開発会社施行方式[注4]が2002年に施行された。

その会社の設立にあたっては、会社の過半の議決権を有する者が再開発区域の宅地・借地の3分の2以上保有することという条件があった。松坂屋だけでほぼその条件を充たすので、まずは森ビルと松坂屋で再開発会社の前身と想定した銀座都市企画㈱を設立し、そこが事務局的な仕事を担当することにした。森ビルは銀座都市企画㈱とコンサルティング契約を結んだ。

注4　再開発会社施行方式
従来、都市再開発法では、組合、個人、行政等が施行主体であったが、地権者が出資の範囲でリスクを限定できることを目的として、再開発会社による施行が認められた。

3　銀座ルールと高さ　プロジェクト第1幕

街づくり協議会の設立

20名弱の地権者のうち、数名は再開発に関心を示さない人がいたが、その他の人はほぼ全員街づくり協議会に参加してくれた。中央区の担当もオブザーバーとして参加し、2003年の春にスムーズに船出した。

銀座ルールとの関係についても、「ルールのなかで総合設計、特定街区は例外規定になっていて、昭和通りに面しているリコービルはそれで建てている。さらに2002年には都市再生特別措置法ができ、地権者から規制緩和の提案ができるようになり、それが出されたら行政は6カ月以内にイエスかノーを言わなくてはならない仕組みとなっているので、充分に可能性がある」と説明した。加えて、「表通りのブロックと裏通りのブロックを一体化することにより、全体が表通りに面することになる。表通りの大部分は松坂屋が持っていて、それ以外の権利者の価値の向上が見込まれるので、多くの権利者にとって有利な再開発だ」という話をした。権利者のコンセンサスが固まらないと、外部に強く働きかけをすることは難しいので、まずは内部固めに力を注いだ。地権者の協議会への参加は多く、一部の地権者の個別対策ができれば内部は固められると考えていた。

毎月1回、定期的に協議会を開き、再開発事業の勉強は進んでいった。また、将来、都市再開発法における再開発会社施行の会社になる可能性のある銀座都市企画㈱を、松坂屋・森ビルの50：50の出資でこの事業のコンサルティングをする会社として、協議会の理解を得て設立した。外部に委託せざるを得ないものは各人で負担するが、それ以外は事業化したときにコンサルフィーを再開発事業費のなかから支払う契約にした。

「銀座街づくり会議」への対応

銀座の旦那衆は、銀座の街づくりについて大変意識が高いので、彼らの理解を得ることが最大の鍵と考えていた。銀座通り連合会の有力会員である松坂屋のルートを通して、初期の段階から接触して、協議によって理解を求める考えであった。

しかし、松坂屋が森ビルと組んで大型の再開発をする計画は、相当な衝撃を与えたようであった。すぐ隣の汐留には超高層ビルが次々に誕生し、また六本木ヒルズが完成して話題になっていたので、そのようなものが銀座に出来るかもしれないと恐怖を感じたのであろう。

2004年には「銀座街づくり会議」を立ち上げ、積極的にシンポジウムを開き、「銀座らしさ」とは何かを問う広報活動を始めた。特に江戸時代から変わらない街区構成、そこから生まれた路地、狭い間口のバラエティに富んだ店舗、ショーウインドウや銀ブラに象徴される街歩きができる伝統を守るべきとの主張であった。街区を統合して、そのなかで完結して街歩きを否定するような囲い込み型大規模開発は、銀座にふさわしくないという考えであった。

それまでの広場と超高層ビルという囲い込み型開発と異なる、通りと超高層ビルという六本木ヒルズの考え方が、残念ながら理解されなかったようだった。現実に、六本木駅から六本木ヒルズ・麻布十番という回遊性が出来たのだが、それを理解したくなかったのかもしれない。

我々としても、江戸時代からの銀座の歴史を振り返ってみた。「銀座街づくり会議」が建物の高さや壁面の位置など形態面で見たのに対し、不動産の有効活用という面からその歴史を調べたり推測したりしてみた。銀座の旦那衆の多くは、かつては自ら商売をしていたが、今は多くが不動産ビジネスを主体にしているので、有効活用については理解しやすいだろうと考えた。

銀座は、徳川家が江戸に入ってきたときに人工的につくられた街である。たぶん浅瀬であった所に京都の60間×60間の街区を模倣してつくり、外側に石を積み上げ、堀をつくったのであろう。堀に囲まれた60間×60間、三原橋の所は60間×40間のグリッドで出来た街であった。

最初は京都のように通り町で、通り沿いに町屋が並び、街区のなかは空地で畑か何かにしていたと思われる。しかし、水が多く畑は出来ず、その空地を活用しようと街区を3枚に切り分け、20間ごとに通りをつくり、その両側にも町屋をつくったのであろう。すなわち、土地の有効活用のために今の街区が出来たとも言える（図1）。

こうして60間×20間が街区の基準単位になったのだが、20間の両側に町屋が建つと、その真ん中に背割線（町屋の裏側の通路）が出来る。汲み取り等のために路地が必要になる。路地が出来るとそれに面した町屋も建つようになる。このように銀座がその価値を高めれば高めるほど細分化が進み、土地の有効活用が進んできたと考えられる。

1階が店舗、2階が倉庫、3階が住居の3階建てくらいまでの建物であれば、通りなり路地なりをつくり土地を細分化したほうが変化に対応しやすいし、土地の有効活用も進む。しかし、それ以上の高さの建物が主流になると、この方式は限界に来る。窓のない部屋が出来、細分化することが有効活用と言えなくなる。

中・高層化して、上を有効活用する時代に入ったときには、細分化した土地を統合しないと本当の意味での有効活用にはならない。銀座においても、関東大震災の後、西日の当たる東側の街区で統合ができ、三つの百貨店が建設された。小さな店舗の並びだけでは銀ブラの魅力は小さい。デパートという核店舗が出来たので、銀ブラの魅力は増したのであろう。

銀座の人たちも、3間、4間の狭い間口で高層化することの限界を感じていたと思う。自分の店の間口を削って上層階へのルートを確保しないといけないし、上層階には飲食店等、限られた店しか入らない。また、その看板を1階につくらないといけない。敷地の統合の必要性は感じているはずだと考えた。

銀座の旦那衆も、1970年代頃までは自分のビルで自ら商売をしている人が多かったと思う。80年代に入り、都市銀行が競って銀座に支店を出すようになると、銀行は銀座の旦那衆に商売の資

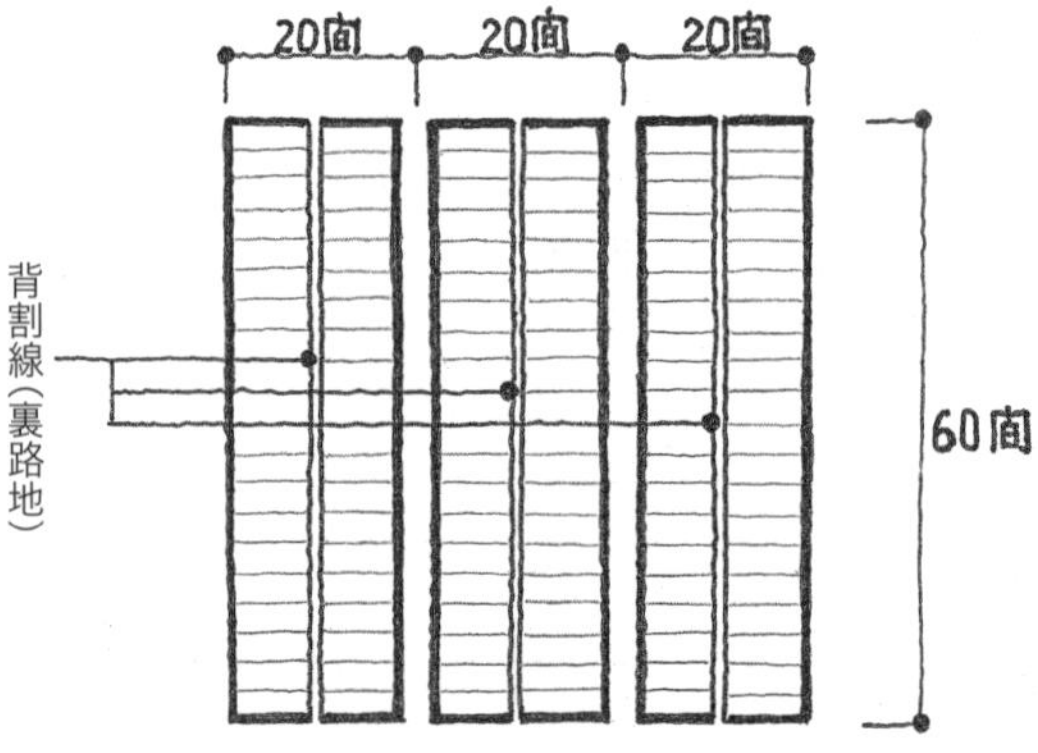

図1　江戸時代の銀座町屋街区概念図　60間×20間地区の真ん中が背割になる（間＝約1.8m）

金を貸すよりも建設資金を貸すほうが経済的に合理性があり、またある程度敷地の大きさが必要なので、統合化も進んだ。中央通りに銀行の支店が並び、午後3時に店を閉めるので、銀ブラの楽しみが減ったとの批判も起きた。やがて90年に入ってバブルが崩壊すると、銀行の統合が進み、銀行の支店はグローバルなスーパーブランドの店に代わった。高い家賃を維持できたので、次々にスーパーブランドが銀座に進出して、今の姿になった。旦那衆の多くは、銀座の活性化とともに不動産経営者となる選択をしたのであろう。

敷地の統合をするためには、大変な時間とお金がかかることも理解できると思う。そう考えると、単独で建てる場合のルール、統合してある程度まとまった敷地で建てるときのルールと、二つつくるのが良いと思った。

二つの街区を統合するような大規模開発では、表通りに面する商業施設部分の高さは56mの半分の28mに制限する。その代わり、その上の住宅・ホテル・事務所等の部分はタワー状に高さ制限をなくし、建蔽率（敷地に対する建物の配置割合）は33%から25%に絞り、商業施設の屋上部分は緑の庭園にするようなルールをつくれば良いと考えていた。

銀座中央通りの幅員は27m、そこに両側56mのビルが建ち並ぶと相当狭い感じになる。それよりも、1街区だけでも半分の高さ28mに抑えられれば、タワーが高くても空は感じられると考えた（図2）。

大規模開発の高さ規制が決まる

しかし、残念ながらこのような協議をすることができず、大規模開発も

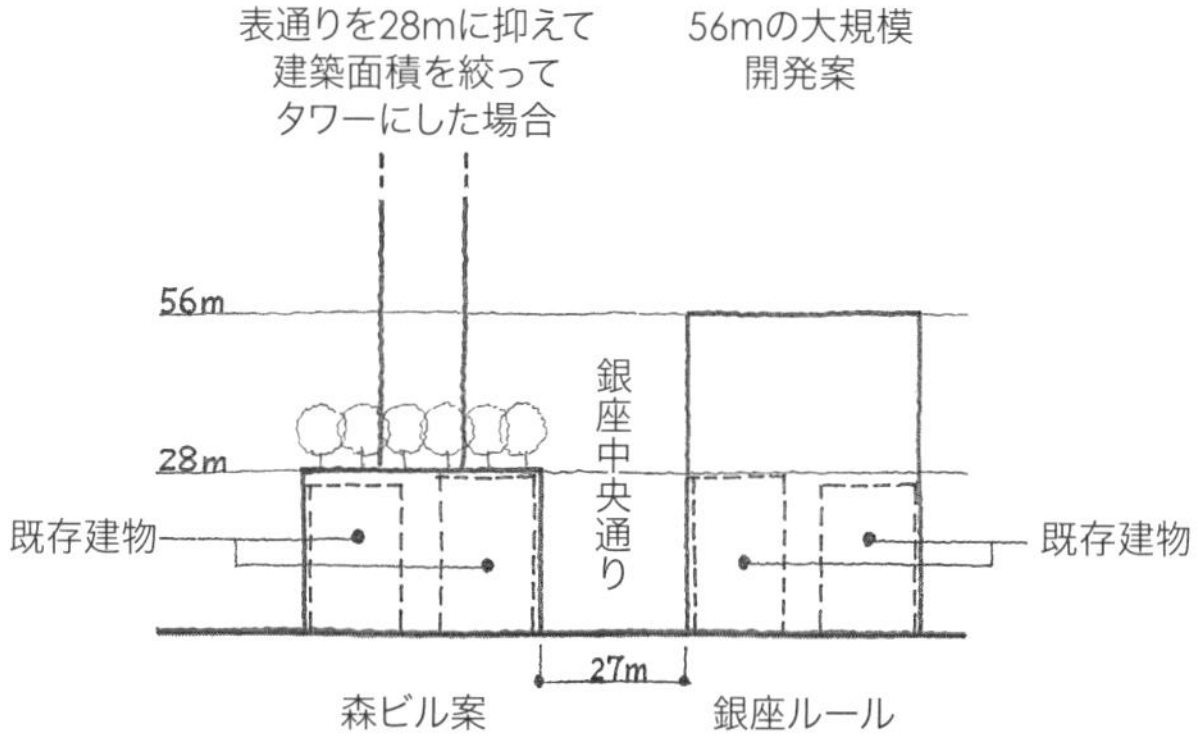

図2　銀座ルールに対する森ビル提案　銀座ルールで2ブロックを56mで建て替える案に対し、森ビル案は低層部を28mに抑えて建て替えるイメージ。銀座中央通りから見た場合、低層部は境況に抑えて中高層部をタワー型にしたほうが、威圧感が減ると想定した。

同じ56mのルールにするという運動が大きな波になり、中央区も積極的にその方向を進めることになってしまった。「銀座らしさとは何か。今までの銀座フィルターという自然の規制ではダメ、規制強化すべき」という運動・流れを「銀座街づくり会議」が主導した。銀座の旦那衆、賛助する学者の人々の努力は敬服に値するもので、地域の街づくり運動として歴史に残るものであった。

2005年に入ると、規制強化の動きが本格化する。そこで、「銀座街づくり会議」と中央区は新しい考え方を打ち出す。「街づくりの調整は地域が主役になるべきだ」というものである。

確かに、各地での開発の反対運動とその解決策等の経緯を考えると、行政も学者も街づくりの規範に自信をなくしてきている。行政が制度を基本にして、客観的に開発者と学者の知恵を借りながら指導していくことに限界を感じていたのだと思う。

それを地域に任せるという考えである。銀座の地域主体は経験豊富で知見も高く成熟しているので、可能と考えたのであろう。外からの開発者に対しては地域が一致して調整できるかもしれないが、内部からの開発についてうまく調整できるのか、疑問を感ぜざるを得ないが。

どちらにしても、「銀座デザイン協議会」という学者を入れた地域組織が、開発案について最初に調整し、それが済んだ上で行政の手続きに入るという仕組みである。そのうえで地区計画を改正し、大規模開発について「いわゆる銀座の外はOKだが、もともとの銀座は高さ56mに制限する」方向が、中央区と「銀座街づくり会議」の間で固まっていった。

2006年2月に、商業施設部分は31m以下に抑え、その上にオフィス・ホテル部分をタワー状に建てる案を「銀座街づくり会議」に提案したが、時すでに遅く、規制強化の動きが進み、2006年10月に地区計画でそのルールが確定した。

設計は谷口吉生氏に

敗色が濃くなってきたので、銀座の旦那衆とコミュニケーションの取れる建築家を選ぶことになった。銀座のコミュニティは慶應義塾出身者で成立している。しかも、幼稚舎からの慶應でないと仲間でないという雰囲気であった。ところが、かつて慶應には建築学科はなく、慶應出身の建築家はほとんどいなかった。そのなかで唯一と言って良いであろう、谷口吉生氏が幼稚舎出身者と親しい建築家であった。その縁は、谷口氏の父である建築家・谷口吉郎氏が現在の慶應幼稚舎の校舎を1937年に竣工したことに始まる。慶應の工学部機械工学科を出て、ハーバードの建築学科で学んだ谷口吉生氏は、父吉郎氏の後を継いで体育館、教室、カフェテリアなどの増改築を担当されたのだった。その谷口氏に設計を依頼することにした。

谷口氏は、香川県丸亀市の猪熊弦一郎現代美術館の設計等、大変能力のある建築家で、私も尊敬している方だが、今回のような純粋な商業建築に興味があるのか不安であった。谷口氏は本来の古典的な建築家像をお持ちの方で、頼まれた仕事は責任を持って行う。そのため、すべて任せてほしいという考えだった。

かつてはそうだったかもしれないが、今は時代が変わった。今は多くの関係者がコラボレーションしながら複雑な建物を設計する時代だ。特に今回の再開発は施主が1人ではなく、多くの地権者すべてが施主であり、多くのステークホルダー（利害関係者）が関わる。その調整なしに設計はできないと話した。理解していただくのに大変時間がかかったが、ありがたいことにやっていただけることになった。

事前転出者への対応

再開発事業が進みそうになると、それに参加する考えのない地権者は権利を売ることを考える。それを再開発を邪魔しようとする第三者が取得すると、再開発の大きな障害になる。何が何でも取得しないといけなくなる。再開発推進のためには、再開発のリード役である松坂屋と森ビルが半々で買うことが望ましい。これについては、森ビル内部で意見が分かれた。もともとコンサルタントという立場で銀座プロジェクトに参加を決めたのである。不動産投資となると、根本的に違う。そのリスクについて見極める必要があるとの意見である。当然の意見であり、リスクについて検討した。今回の物件は、表通りに面したプラダが入っているビルである。したがって高い地価になる。これをどう見るか考えた。森ビルは、どちらかと言えば区画整理されていない地区で、土地を買収なり共同なりである開発単位にまとめ、大きな付加価値を付けることで、ビジネスにしている。それは確かに開発利益は大きいが、全部まとまらないと価値はゼロに近く、その面では大変リスキーな事業である。

それに対し、ほとんどが道路に面している銀座の土地は確かに高いが、銀座という土地柄もあって、必ず売れる土地である。時期を選べば、単独でも必ず高く売れる土地とも言える。その意味からすればリスクは少ない買い物とも言える。しかも、投資をしたことによりコンサルタントを外される心配はなくなるし、同じ船に乗っているという意味でそのリーダーシップに信頼性も出てくる。何とか社内の理解を得て、松坂屋と半々で購入することができた。これにより、森ビルとしては本腰を入れざるを得なくなった。

4　建築計画案の策定とリーマン・ショック　プロジェクト第2幕

松坂屋と大丸の合併

松坂屋は銀座松坂屋の再開発を進めていたが、それは百貨店再編成の時代の渦中であった。２００５年に、村上ファンドが松坂屋の株の10％くらいを取得し、話題になった。そして、２００７年には松坂屋と大丸が合併した。その３年前くらいから極秘に話が進められていたとのことなので、合併の話があったから本格的に再開発に取り組んだと考えられる。

通常、老舗の百貨店や旅館は、一度休店して建て替えるなり再開発を進めるべきと考えても、休店すると客が離れてしまうと恐れて抜本的改革ができないことが多い。しかし銀座松坂屋は赤字状態であり、むしろ再開発によってその不動産価値が本来以上の価値になると考え、積極的に再開発を進めることにしたのだと思う。

合併した松坂屋と大丸は、Ｊ・フロントリテイリング（以下、ＪＦＲ）という持株会社を設立した。松坂屋の岡田氏が会長、大丸の奥田氏が社長になった。実質的に大丸が主導権を持ったと考えられる。

谷口氏と高さ56ｍ容積１４００％の建築案の研究

建物の高さが56ｍ以下に限定されたので、容積１５００％は諦めざるを得なくなった。せめて１４００％は入れたいと考え、その研究を谷口先生と当社の設計部で精力的に始めた。

地上56ｍの中に入れる各層は、商業・オフィスの大空間を前提で考えると、平均階高４・３ｍで13層が限度である。また、地下の支持地盤がＧＬ（地表面）からマイナス35ｍくらいなので、６

層くらいが限度であろう。駐車場、機械室も含めて、地下5層・地上13層の中に1400%入るかのチャレンジであった。

1400%入っても、地域貢献が認められて容積緩和を受けられなければならないし、期待する機能を充たし、空間的にも魅力がなければいけない。試行錯誤が続いた。

地域貢献の公共的施設として、まずは地下鉄銀座駅からの地下道の新設を検討した。あずま通りの下を通るのである。開削だと地上に並ぶ店舗に迷惑がかかる。8m幅の狭い道に6m幅の地下道をシールド注5でつくれるかが鍵であった。後で決まった事業代行者の鹿島建設が、それに応えてくれた。その他、駐輪場、通り抜け通路、屋上庭園等の地域貢献を積み重ねて、容積の目途を付けた。

地下3階の荷捌き駐車場、地下4階の機械式駐車場の出入口へのスロープの負荷を少しでも減らし、また商業施設のグランドフロアとも言える2階へのアプローチを少しでも低くするため、あずま通りの延伸部分になる通り抜け車道の中央部をGLから下げることにした。

また、間口が110m以上、奥行が70～80mの広大なフロアプレート。商業施設部分の地上部（1階から6階）の中央部の2階から5階に吹抜を、そして事務所部分7階から13階には中央部にライトウェル（建物内部に吹き抜けをつくり光が採れる場所）をつくり、奥行が長すぎるという欠点を解消し、かつ魅力的空間をつくることによって、1400%近くの容積確保の目途が付いた（図3）。

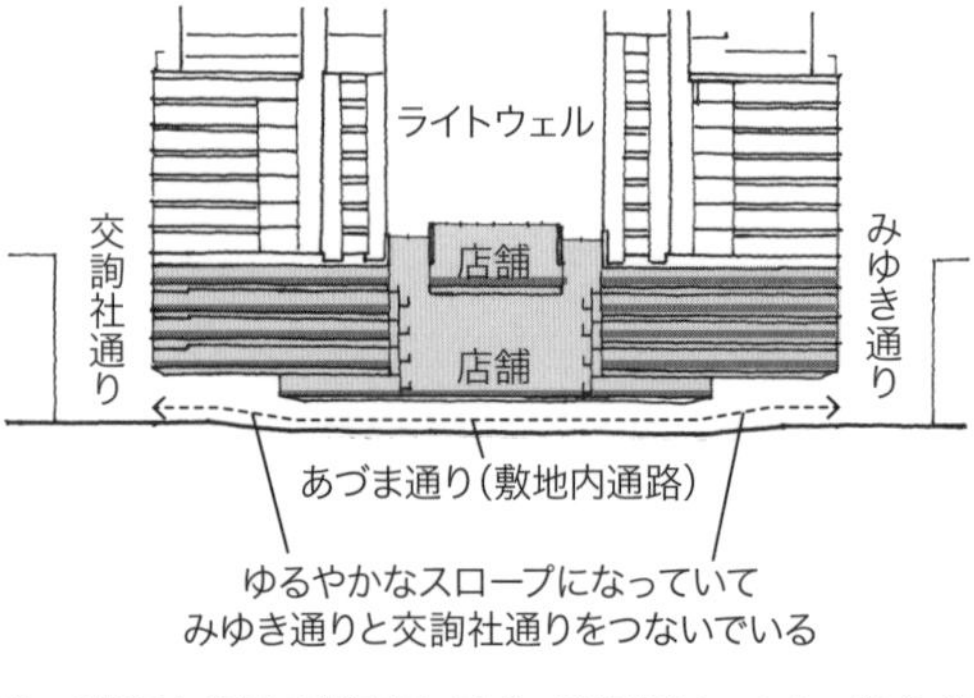

図3　GINZA SIXの断面図（出典：鹿島建設ホームページを参考に作図）

「JFR撤退？」奥田氏と森稔氏、社長対談で即決

バブル崩壊後に大きく下がった銀座の地価は、長い間安定していたが、2006年頃から他に先駆けて上昇トレンドに入った。松坂屋と大丸が合併された2007年には、銀座の地価上昇が確実なものになってきた。そうなると金融環境も良くなり、JFRのほうに「何も森ビルの手助けを借りなくてもできるのではないか」という雰囲気が出てきた。

ところが、2008年の9月に突然リーマン・ショックが起こり、100年に一度の大恐慌かもしれないと大騒ぎになり、しばらくは様子を見ざるを得ない状態になった。そんななかでも建築設計の作業は続き、JFRの奥田社長以下に谷口氏の美しい模型を見てもらう等の検討は進められていた。行政にも高さ56mの案を説明し、都市再生特別地区による容積確保の相談を続け、その可能性は高まりつつあった。

しかし、2009年の夏頃から、JFRの態度が大きく変わってきた。こうした経済状況のなかでこの大規模再開発はできないと考え始めたようだ。JFRはリーマン・ショックを大変悲観的に捉えていたが、森ビルはプロジェクト推進の面ではむしろプラスと考えていた。アークヒルズも2度のオイルショックを乗り越えて事業化が進んだし、六本木ヒルズもバブル崩壊後しばらくして事業が本格化した。経済が悪化したことにより地権者の気持ちは引き締まるし、建築費・土地費が下がることは再開発を事業費的にしやすくする。行政側も、景気を刺激するためにも都市再生特別地区を積極的に活用する方針になってきた。それまでの不良債権の活用のためということではなく、国際競争力を付けるために活用するという方針に変わってきていた。ミニバブル化して地価が上がりすぎ、建築費も高騰していた状況が逆転し、再開発は事業上やりやすくなると考え、権利者・行政等の協議を積極的に進めていた。

注5　シールド工法
シールド工法は開削工法や沈埋トンネル工法などと違って一部を除いて地上部分を大きく掘り下げる必要性が低いので掘削中の地上部分への影響を抑えることが可能である（8章注5参照）。（Wikipedia より）

そんなとき、同じように考えていた投資家が現れた。ルイ・ヴィトングループ[注6]である。ルイ・ヴィトンは、数多くの多様なスーパーブランドを保有するベルナール・アルノー氏[注7]が率いるコングロマリットである。ルイ・ヴィトングループは、世界各都市で高級ショッピングモールのテナントに傘下のスーパーブランドを入れている。そのスーパーブランドが入ることにより、ショッピングモールの不動産価値を上げているのだ。テナントに入るだけでなく、そのショッピングモールの開発に投資すればその開発利益も得られると考え、不動産開発ファンドを立ち上げていた。その日本支部があり、すでに神戸の居留地地区で三井不動産と組んでプロジェクトを進めていたところであった。彼らがこのプロジェクトに本当に興味を持ち、テナントに入る、投資もするということになれば、この不況期においてもプロジェクトを立ち上げることが可能になると判断し、積極的に関係強化に努めた。

２００９年秋になると、ＪＦＲは再開発から撤退したいと言い出した。ＪＦＲの幹部には我々の経験を含めて何度も説得を試みたが、理解は得られなかった。この経済状況では、森ビルも本当はやれないと考えていると思ったのかもしれない。12月になって、奥田氏が森稔氏を訪問し、断る話をすることになった。再開発はできそうにないのでやめたいと言う奥田氏に対し、森稔氏は再開発をＪＦＲがリードしているので進みが遅い、森ビルがリードしたら3年くらいで解体・着工することができると返答した。森稔氏の勢いに押されたのか、奥田氏は「森さんに任せる」と返答し、この会談は終わった。両社長の凄味を目の当たりにした瞬間であった。

注6　ルイ・ヴィトングループ
１９８７年に、ルイ・ヴィトンとモエ・ヘネシー（モエ・エ・シャンドン、コニャック「ヘネシー」を販売）の両社が合併して誕生した。フランス・パリを本拠地とするコングロマリットである。（Wikipediaより）

注7　ベルナール・アルノー
１９４９年生まれ。ルイ・ヴィトングループおよびクリスチャン・ディオールの大株主であると同時に、両社の取締役会長兼ＣＥＯ。（Wikipediaより）

5　事業体制の組み直しから着工まで　プロジェクト第3幕

ルイ・ヴィトンが共同出資

２０１０年、年初から主導権を森ビルが担い、最短での事業化を実現するための方策を考えた。ＪＦＲは再開発を主導する立場から最大権利者の立場に変わったので、以前から行っている組合再開発方式[注8]で進めることとした。森ビルはそのコーディネーター、コンサルタントの立場で事業化をリードすることになった。

10年4月には、中央区の理解のもと再開発準備組合を設立した。理事長はＪＦＲの茶村俊一氏、専務理事は森ビルの私が担い、都市計画提案に向かって一気に進めることにした。

都市再生特別地区としての都市計画を提案できる状態を、急いでつくらないといけない。地権者、そして参加組合員が満足するような建築案をつくることが急がれた。そのうえで、「銀座街づくり会議」との協議をし、さらに中央区、東京都との調整をし、希望する用途、容積率確保の目途を付けないといけない。順を追っての協議では間に合わない。並行して、精力的に各分野との協議を進めた。

谷口氏にも銀座の方々と積極的にコミュニケーションを取っていただき、彼らがこだわっていることを理解し、それを取り入れる設計案を固めてもらった。

参加組合員とキーテナントの有力候補であるルイ・ヴィトンとの打ち合わせ、協議も急ぐことが必要になった。こちら側の積極的な姿勢に対応して、協議に応じてくれた。オーナーのアルノー氏が前向きであったのだろう。

公開空地はわずかしかない。地域貢献主体で容積緩和を受けるというチャレンジングな行政交渉

注8　組合再開発方式　市街地再開発事業の方法には、第1種事業（権利変換方式）および第2種事業（管理処分方式（用地買収方式））があるが、再開発組合は第1種事業のみ施行できる。

であったが、銀座の方々の温かい視線のおかげか行政も前向きに協議に応じてくれて、１４００％に近づく容積の可能性が見えてきた。

10年9月には全銀座会、銀座通連合会常務理事会で、茶村理事長、谷口氏と初めて56ｍ案を説明した。細かな注文はあったが、基本的には好意的な反応であった。そこで、13年春に解体開始、17年に竣工予定のスケジュールも説明した。早く工事業者も決めて、工事期間中の問題を協議したいという雰囲気であった。

ルイ・ヴィトン側との詰めが急がれた。課題が大きく二つあった。一つは、彼らのスーパーブランドが中央通り側に存在感のある独自のファサードを表現でき、配置できること。次に、不動産開発ファンドのエル・リアル・エステート（以下、ＬＲＥ）としては、ＩＲＲ（内部収益率）[注9]を15％以上確保できることであった。前者はＪＦＲとスペースの調整ができるか、また谷口氏が看板建築のようなものを納得するかが鍵であった。場所の取り合いのもう一つの課題が、三井住友銀行の支店の位置であった。ルイ・ヴィトンは建物の両角を押さえたい。だが、三井住友銀行の支店は、もともと新橋側の角にあった。

この間、谷口氏と建築論を戦わせることになった。谷口氏は「建物として統一感がないと良い建物にならない。自分はブランドのための看板建築みたいなものはつくりたくない」とおっしゃる。それに対し、「今回は美的感覚の高いブランドが入る商業建築である。私どもの谷口氏へのお願いは、部分の個性ある多様な表現を認めたうえで、全体の統一的美を表現することだ。部分と全体それぞれを認めたうえで、アウフヘーベン（矛盾するものを高い段階で解決）する美を追求したいのだ」とお願いした。谷口氏の気分を害したのは間違いなかった。

ＪＦＲが百貨店をやるのか、ショッピングモールという不動産賃貸業をここでやるのかが、重

注9　内部収益率
ＩＲＲ（Internal Rate of Return）とは、投資期間内における1年あたりの利回りをいう。期間内に得られるキャッシュフローの現在価値をもとに計算されているため、不動産のような収益、コストが変動する投信を判断するのに適切であると言われている。例えば、早くキャッシュが戻ってくる場合はＩＲＲの利率があがるので投資尺度として安全だと判断される。

要な分かれ目であった。前者であればルイ・ヴィトンを取り込むことは難しいし、後者ならルイ・ヴィトンの話を進められる関係であった。以前、茶村氏の案内で、大阪で奥田社長・山本良一常務等ＪＦＲの幹部と話す機会があった。百貨店の営業利益はうまくいって5％、松坂屋は2〜3％しかなかったという話を聞いた。ショッピングモールなら売上歩合で、好立地なら20％以上の歩合家賃が取れる。そこから経費を引いても、10％弱の営業利益が残るという話をした。ＪＦＲはモール事業に傾いていたのであろう。ルイ・ヴィトンの話に抵抗しなかった。

11年1月にはパリへ行って、ルイ・ヴィトン側と本格的な交渉に入ることになった。アルノー氏は両コーナーに自社のスーパーブランドを入れたい気持ちが強く、四丁目側はＪＦＲが所有するとしても、銀座七丁目側は自分たちで所有する意欲もあった。三井住友銀行の移動が義務づけられた。また、ファンドのＩＲＲについては、保留床と権利床の割合、建築費等の事業費、ノンリコースローン[注10]の金利、負債割合のレバレッジ[注11]、完成後の売値と、様々な変数が絡むが、リーマン・ショック後のリーズナブルな数字からスタートできれば不可能ではないと、双方感じることができた。

谷口氏もルイ・ヴィトンが乗るかどうかを大変気にしていて、乗りそうだと伝えると喜んでくれた。当然、ルイ・ヴィトン側は独自のファサードを求めるので、部分と全体の共存について考えざるを得ないと感じてくれたようだった。

秋に都市計画決定するためには、春には「銀座街づくり会議」との協議を始めないといけない。ルイ・ヴィトン、ＪＦＲと積極的に協議を進めた。ただし、三井住友銀行の移動については見通しが立たない状況が続いた。

そんななか、3月11日、東日本大震災が起きた。日本国中が絶望的な状況に陥った。また、森ビルの社長交代も発表され、銀座の再開発どころではなくなりつつあった。

注10　ノンリコースローン　対象となる不動産が生み出すキャッシュフローのみを返済原資に限定するローンのこと。責任財産限定型ローン。

注11　レバレッジ　投資において自己資本を元本として資金調達を行い、取引額を自己資金以上に引き上げること。

一方で、震災は地震に強い建物に替える再開発のモチベーションを高めた面もあった。東京中が暗いなか、コージェネレーションの自家発電で六本木ヒルズに電灯がついたこともあり、再開発への気持ちが萎えることはなかった。

少し遅れたが、大多数の権利者の同意を得て、7月に都市計画提案を都に出すことができた。

住友商事・鹿島建設を加え、事業化体制を整えるなか、森稔氏他界

まず、再開発の事業費を負担する参加組合員を確定する必要がある。東日本大震災の後もルイ・ヴィトン側との調整を続けることができた。連休前に再びパリに向かい、震災にもかかわらず再開発への意欲が高いことを説明し、細部を詰めることにした。

ルイ・ヴィトンの投資の条件は、森ビルがルイ・ヴィトンと同等以上の投資をすることであった。だから森ビルとして本格的に投資をするという意思決定をしないといけない。しかも、ファンドなので、プロジェクトファイナンスでノンリコースローンが条件であった。森ビル内では銀座への投資は慎重にという考えが強く、それを説得するためにもノンリコースローンの本格的な導入は有効であった。しかし、日本の銀行の体質上、本当の意味でのノンリコースローンは、日本の企業に対してはほとんど例がないのが実態であった。金融機関の対象としては、敷地内に支店を置いている三井住友銀行を優先して検討せざるを得ない。支店の移動を含めて、本格的に三井住友銀行との交渉が始まった。

ノンリコースローンにするためには、森ビルが全責任を持つプロジェクトではないことが必要になる。森ビルとＬＲＥだけだと、森ビルに依存しているように見える。もう1社ディベロップメントの経験のある企業を入れないといけなくなった。

小さな権利者のなかに、もともと三井不動産販売がいた。その会社を三井不動産が吸収したのだ。三井不動産本体が権利者になっていて、準備組合の会合には必ず担当者が出席していた。最初に三井不動産に声をかけざるを得ないと考え、２０１１年7月に三井不動産の商業担当の専務と面談した。専務から明確に「このプロジェクトは森ビルのプロジェクトなので、三井不動産としては遠慮する」という言葉を得た。

そこで、今までの状態をすべて是認したうえで、力になり、協力が期待できる対象として商社の不動産開発部門に声をかけることにした。三菱商事と住友商事が非常に関心が強く、どちらかを選べる状況ができた。

問題は、三井住友銀行であった。まず店舗部隊の理解を得ないといけない。それまで店舗があった七丁目側の角より、ＧＩＮＺＡ ＳＩＸのメイン入口に隣接する位置を提案した。二つある入口のうちの七丁目側で、しかも四丁目交差点から見える角に置いたほうが、銀行の立地として良いのではと必死に説得した。1階はキャッシュディスペンサーとエレベーターとちょっとしたホールで、客との接点は7階の事務所フロアで良いとのことなので、1階の位置を決めるのに相当時間を費やした。

12月に、都市再生特別地区と再開発が都市計画決定されたこともあり、徐々に銀行の理解も進んでいった。銀行のことを考えると三菱商事より住友商事のほうが良いと考え、また担当役員と親しいこともあり、住友商事を第三の投資家と決めることにした。

事業計画を固めるのにもう一つ重要なことは、建築費等の事業費の目途を付けることである。特定業務代行方式[注12]で、建築費の約束と多目的ホール等の保留床の購入をコミットする[注13]コンペを、大手5社を中心に行った。

注12　特定業務代行方式
業務代行方式は、民間事業者の持つ資金調達能力、専門的な知識・経験・ノウハウおよび保留床の処分能力等を活用し、円滑な事業推進を図ることにより、権利者の手間や負担が大幅に軽減できるものとして、１９９６年度に創設された制度。

注13　コミットする
英語のCommitment（コミットメント）を略した言葉。英語の意味は責任の伴う約束や目標や目的に対して積極的に関わる、責任を持って引き受けるという意思表示を意味する。

東日本大震災直後のなかであったが、各社大変熱心で、リーズナブルな建設価格を出してきた。そのなかで鹿島建設が一番意欲があり、多目的ホールの購入をコミットし、かつスラブと梁を重ねて梁下を高くする提案もし、かつ、谷口氏との相性も銀座の旦那衆との関係も良さそうなので、数字を最大限に考慮したうえで鹿島建設に決めることにした。

事業化体制が整いつつあった12年3月8日、森稔氏（当時：会長）が他界された。社会的にはプロジェクトの進捗が危ぶまれたと思うが、外部中心の体制が整いつつあったので、止まることなく進めることができた。森ビルはリスクの少ない一部を出資しただけで、多くの権利者・出資者・ステークホルダーから仕事を受けるコーディネーター・コンサルタントの立場であったため、緩めることなく進めることが義務づけられていた。

実施設計については、特定業務代行者に決まった鹿島建設と谷口氏とで設計共同体を組織し、即、進めることにした。部分と全体との問題についても、谷口氏が前向きに考えるようになってきた。特にアルノー氏から、彼が一番大事にしているブランド、クリスチャン・ディオールのファサードを谷口氏にお願いしたことが、功を奏したのだと思う。

ルイ・ヴィトンのアルノー氏は、中央通りに面した銀座七丁目の角部分を買うという意向を示した。商業の保留床の価格を決める話にもなったし、また3者の特定目的会社のリスクを少しでも下げる話でもあるし、ルイ・ヴィトン側が、ファンドが解消された後も残りたい意思があることを考えて、受け入れることにした。

もう一つ、新しいことが起きた。東日本大震災の影響で、松坂屋に次ぐ権利者であった東京電力の不動産会社がその権利を処分せざるを得なくなったのである。二つの道があった。現状で入札にかけるか、権利変換が決まった後に新しい床で入札をかけるかであった。前者を選び、この段階で第三者が入ると混乱するので、価格も高くなる可能性の高い後者で進めるよう関係の方々にお願いした。

13年に入ってから谷口氏は、部分と全体の問題を解決する素晴らしい案を生み出された。「ひさし」と「のれん」である（図4）。各階に庇を付けることで全体の統一感を出しつつ、商業施設部分の中央通りにはその庇に、「のれん」をかけられるようにした案で、各ブランドはその個性とセンスを競い合う「のれん」というファサードをつくるという考えであった。最終案の設計を説明する際の谷口氏の文章にはこう記されている。「東京の銀座六丁目に建つ銀座エリア最大の商業施設。上層階のオフィス部分の周りに取り付けられた『ひさし』が計画全体の統一性を強調し、下層階に吊り下げられた『のれん』が歩行者空間への賑わいを演出する。『のれん』は一定のルールに従って各テナントが自由にデザイン可能であり、営業を継続しながら外部から取り替えることもできる」。

こうして、商業施設側、「銀座街づくり会議」の賛同を得て、設計上の最大の課題の解決策を見出してくれた。谷口氏には感謝、感謝である。強い意見を申して良かった。

参加組合員になる特定目的会社の出資者が、森ビル・ＬＲＥ・住友商事それぞれ同額で決まり、森ビルと住友商事から出資顧問会社が付いたので、技術的・事務的にストラクチャードファイナンスを進めることができた。

三井住友銀行も支店の位置が決まり、積極的にノンリコースローンに取り組むことになった。主幹事になって他行を入れるのではないかと想像していたが、１行で融資することになった。金利、レバレッジについても優遇してくれることになった。ＬＲＥの厳しい投資基準をクリアすることもできた。

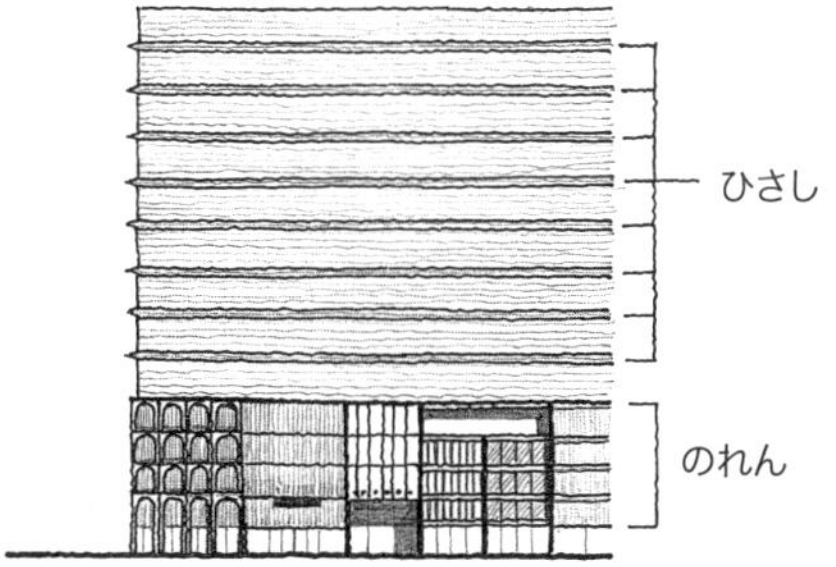

図４　GINZA SIX の正面から見て「ひさし」と「のれん」を表現した部分

バブル時にファンドを使った不動産開発事業の多くがその後破綻したこともあり、東京都は特定目的会社を参加組合員に認めることに消極的であった。それまでと異なる非常に健全な特定目的会社であることを説明し、前例のない、特定目的会社が参加組合員になることを伝えると、都は認めてくれた。

一部、なかなか同意をしてくれない権利者もいたが、大勢が同意してくれたおかげで、全員同意で再開発組合の認可申請することができ、13年12月には組合を設立することができた。

組合設立から権変認可、解体着工まで一気に

組合設立を見越しながら、権利変換計画の策定に入った。2012年になると地価も落ち着いてきて、権利者の理解も得やすい状況になりつつあった。商業床に関しては、銀座では家賃の事例が多く、その価格も理解しやすかった。問題はオフィスであった。小さいオフィスフロアは事例があるが、大型のフロアプレートやオフィスビルの事例はほとんどない。比較的低めの価格で理解を得られた。少し時間がかかったが、権利者の理解を得て、権利変換計画がまとまった。

次の課題は、借家人である。当初から、借家の補償の件で専門家に対応してもらっていた。その人間関係ができていたことと、借家人の多くが事務所的利用で店舗が少なかったこともあり、比較的スムーズに転出が進んだ。しかし、数少ない、商売している借家人には大変苦労した。客の方から話をしたり、様々なルートから話をしたりして、最後は理解を得て立ち退いてもらうことができた。

GINZA SIX 共用部の内装デザイン

解体の目途が13年6月に付いたので、それまでの間、松坂屋は閉店セールに力を入れた。デパートではなくショッピングモールにする方向ができていたと思うので、デパートマンの気持ちを察すると複雑なものがあったに違いなかった。

商業施設部分のコンセプト、マーチャンダイジング、リーシング、運営等を協議するコミッティを、JFR、ルイ・ヴィトン、住友商事、森ビルの4社で立ち上げた。そのリーダー的役割に、ルイ・ヴィトンのカルーセル氏が選ばれた。カルーセル氏は、アルノーオーナーのもとで長い間をかけ、ルイ・ヴィトンを世界制覇ブランドに育て上げた立て役者であった。

中央通り沿いに、地下1階から3、4階まで縦型にブランド店を並べ、その奥側に専門店を並べるという考えであった。JFRの山本氏（当時：社長）以下幹部、住友商事幹部、森ビル担当とで協議が始まる。銀座中央通りに120m近く面するビル、スーパーブランドを中心にラグジュアリーブランドを揃えるモールにするという考えには皆、同意した。

コミッティが始まる前に、ルイ・ヴィトングループのデューティーフリーショップが、銀座プロジェクトに関心を持ったことがあった。地下のかなりの売場を占めるのでリーシング上は楽だが、ラグジュアリーブランドと競合するうえ、イメージは必ずしも良くない。また、羽田や成田で商品を渡す等の手続きもできるかどうかが不明だったため、止めることにした。

共用部分の内装のデザインのコンペが行われた。3者の指名コンペだったが、クライン・ダイサム氏[注14]、グエナエル・ニコラ氏[注15]の戦いとなり、ラグジュアリーな雰囲気をつくれるニコラ氏を採用することにした。

明け渡しは比較的順調に進み、13年6月に権利変換認可を得て、同月末に松坂屋が閉店し、7月から解体工事に入ることができた。

注14　クライン・ダイサム・アーキテクツは建築、インテリア、インスタレーションといった複数の分野のデザインを手がけるオフィスである。アストリッド・クラインとマーク・ダイサムにより1991年に東京に設立。フラッグシップストア、レストラン、リゾート、オフィス、住宅、アパートなどと様々なプロジェクトを進めている。（Wikipediaより）

注15　グエナエル・ニコラ　フランス生まれ。1998年キュリオシティ設立。インテリアデザインから、建築、プロダクトまで多様な分野において、新製品、素材の開発、デザインアイデンティティの新定義に取り組む。（Wikipediaより）

また、この間に三井住友銀行と特定目的会社間のプロジェクトファイナンスの契約の詰めが行われ、ファイナンスが付いたところで、工事を始めることができた。

ファイナンスについては、住友商事の存在が大きかったと思う。開発力の森ビルと総合力の住友商事、最高の組み合わせが有利なファイナンスを引き出したのであろう。

残念ながら、商業コミッティを引っ張っていたルイ・ヴィトンのカルーセル氏がガンで他界されたが、その意向は引き継がれた。老舗のデパート大丸松坂屋と、ラフォーレ原宿・六本木ヒルズ・表参道ヒルズというユニークな商業施設を開発運営している森ビルと、商社という総合力で商業施設を運営している住友商事という他にない組み合わせで、ＧＩＮＺＡ ＳＩＸの商業施設は開発運営されることになった。

＊

私は、12年に森ビル副社長を途中で退任せざるを得なくなり、関係者の皆様にご迷惑をおかけしたが、ＪＦＲ、住友商事、ルイ・ヴィトンと森ビルの4社でうまくコラボレーションして運営してくれた。再開発組合については、理事長の茶村氏のご配慮で顧問を続けさせていただき、街づくりの行く末を見守ることができた。それぞれの方に深く感謝したい。

10

東京は世界一の
オフィス都市になりうるか

六本木ヒルズの夜景※

1 戦後のオフィスブーム

戦後、数回にわたって、オフィス建設ブームがあったが、２０１９年現在続いているオフィスブームはこれまでとは様相が違う。最初のブームは、終戦後の高度成長の初期であろう。高度成長に伴って企業が多くのホワイトカラーを採用しはじめ、工場の片隅や商店の２階に倉庫を兼ねて設けていた事務所から、オフィスビルを用意するようになり、爆発的に需要が増加した。

２番目は、団塊の世代がホワイトカラーに続々と参入したときである。１年で１５０万人くらいの人口増が２５０万人になり、それが３年続いた。大学進学率が高まり、多くの大卒者はホワイトカラーを目指した。

３番目は、霞が関ビルをはじめとした超高層時代の幕開けである。これまで大きなビルでも１万坪の延床面積だったが、延床面積５万坪の巨大なビルが出来るようになった。ちょうど団塊の世代の参入と重なるが、１９７３年のオイルショックで一時中断するものの、このブームは続いた。

４番目は、85年のプラザ合意の超円高で、外へ出ていく国際化から受け入れる国際化に政策転換が迫られた80年代後半である。金融緩和とアークヒルズの影響で、外国企業の参入を実感したビル業者が多くなった。その着工は、バブル崩壊後の90年代が多く、94年にピークを迎えた。最初のうちは需給がマッチしていたが、そのうちに供給が超過になって、バブル崩壊の痛手を大きくした。

ミニバブルと言われるリーマン・ショック前の需要増については明確な理由が見つからない。外資系ファンドは、銀行から不良債権をバルク（まとめて）で安く買い、それをバリューアップと称して改修し、質の良いビルに見せ、自社分も含めて高い家賃で借りた。同時に参入したスペシャリスト（会計士、弁護士、コンサルタント）の事務所として着飾った内装にして、高く貸したのだと思う。需要が高いと見た日本の企業がそれに追随したが、すぐにリーマン・ショックが起こった。外資系ファンドは、リーマン・ショック前に売り逃げて、これを境に消えてしまった。

２０１０年代半ばに入ってからの供給増の理由は、アベノミクスの超金融緩和と六本木ヒルズの成功であろう。ただ、需要増については、明確な理由が思いつかない。人口減少・高齢化の時代に入っているのに需要増が続いていたのは、ＩＴ企業の勃興と、供給増といっても大企業の本社ビルの建て替えが中心で、その仮住まい需要が多いのではないだろうか。中身も建物の複合化が進み、ホテル、商業施設、文化施設、ベンチャー用のインキュベーションオフィスを併設しているので、ネットのオフィス純増は少ないのかもしれない。どれもが超高層の複合ビルの最新スタイルを競いあっている。ピカピカのビルが建ち並び、世界一のオフィス都市と言われるような都市の姿になっている。

2　オフィスビルづくりにとって天国のような環境

アベノミクスのおかげで、大規模開発を進める好条件が揃っている。歴史上ないような超低金利が続いており、借入金利は1%を切っている。しかも量の規制も少ない。アベノミクスの3本の矢の一つである構造改革の規制緩和が続くなか、国家戦略特区、都市再生特別地区を使えば、高さ・容積の限度がなくなっている状態である。既存ビルの建て替えが多く、近隣住民も少ない立地なので反対運動は少ない。事務所ビルの供給は続いているが、入居希望者は多く、空室率はゼロに近づいている。オリンピック等で建築の着工が多く、建築費が高いのが唯一の欠点である。私の40年にわたるオフィスビル開発の経験では見られなかったような恵まれた環境である。

この傾向は、今後も続くかもしれない。大企業デベロッパーによる超大型ビルの建設計画が2027年まで発表され、すでに着工しているビルも多い。世界的金融緩和競争で、当分の間は金融引き締めは考えにくい。東京への一極集中は、政府の政策にもかかわらず止まる傾向は出ておらず、むしろ加速している。また、働き方改革による残業廃止、有給の消化、子育て休暇等の義務化の影響で、人手不足は続く。東京中心部の大改造で、より都心が魅力的になり、人々を惹きつける。

3 今後の懸念

ただ、今までの経験から心配がないわけではない。大規模開発は、企画から竣工まで5年から7年以上かかることが多い。この間に景気変動が起こり、需給ギャップが大きくなることもある。必ず景気の波が起こることは、歴史が証明している。不動産業ではその波が大きくなる。バブル崩壊時には、オフィス業界でサブリースが流行したことで、実際のテナントの貸室料は下がっているのに、競争が激しくサブリースの貸室料は上がり続けた。それが錯覚を呼び、オフィスビルの需要はあると勘違いして建て続けたのだった。

不動産開発は、金融の借入依存度が高く、引き締めが起こると大きな影響を受ける。リーマン・ショックのときも、新興中心のマンション開発業の多くが破綻したり、大手に吸収されたりした。

4 昭和は工場、平成はオフィスの時代

昭和は「工場の時代」であった。日本全国に工場が建てられた。そこから世界を動かすような

企業が数多く生まれた。平成になると、日本の工場の多くは海外に進出し、「オフィスの時代」になった。東京には、質の高いビルが汐留、丸の内、大手町、虎ノ門等で数多く建てられた。しかし、今のところその事務所から世界を動かすような企業は生まれていない。シリコンバレーでは、何万人も収容する事務所ビルらしき建物が建てられ、そこから世界を動かす企業が次々に生まれている。そのシリコンバレーでも土地がなくなり、地価が高騰し、家賃も高く、優秀な人材が集められなくなったようだ。そういう人材がニューヨーク、ボストン、ワシントンに移動しはじめていると言われている。

5　日本企業の本社は水膨れ

東京をアジアの金融センターにしたいという政策はあるが、香港、シンガポールに水をあけられている。どうも日本企業の事務所仕事は水膨れしているのではと疑問を感じる。日本の企業は、バブル崩壊後、資金繰りを心配しないように内部留保を増やし、グローバル化、ＩＴ化に対応するよう迫られた。グローバル化、ＩＴ化には新たな部隊をつくって何とか対応してきたと思う。しかし、本部機構の改革はあまり進まなかったのではないか。その後、ガバナンス、コンプライアンス、働き方改革と言われ、むしろ本部機構は膨らんでいったのではないだろうか。

また、ベンチャー企業の育成、オープンイノベーション[注1]、テレワーキング[注2]等の新しい形のオフィスが増えてきた。そうした状況に対して、事務作業の効率化、ロボットによる業務自動化（ＲＰＡ）を使った省力化の努力が足りない気がする。

注1　オープンイノベーション
特定の会社等だけでなく他社や大学、地方自治体、社会起業家など異業種、異分野が持つ技術やアイデアなどを組み合わせ、イノベーションする方法論。(Wikipedia より)

注2　テレワーキング
在宅等、オフィス外でインターネット等で仕事をすること。

6　ピンチをチャンスに変える

もし景気悪化が顕在化したときには、貸室料が下がる、あるいは空室率が上がることを心配するより、チャンスと考えるべきであろう。外観上も内部環境の質も世界水準を超えるオフィスビルがすでにできているのだ。世界から優秀な人材を集められる可能性がある。今までのように日本語の壁があり日本のマーケットが大きいことで、日本支社・支店としての外資系を呼ぶのではなく、日本を開発拠点と考える外資企業の参入に力をいれるべきだと思う。才能のある人材が喜ぶ事務所環境、外部の生活環境がすでに揃っているのが強みになるはずだ。彼らがその才能や能力を発揮させるためには、日本の事務作業のプロセスや慣行を大改革する必要があるだろう。そこまでやればイノベーションが花開く可能性が出てくる。

7　これからの不動産業に向けて

名実ともに世界一の都市になるためには、本当に事務所業務の生産性を上げ、イノベーションがそこから生まれるオフィスに変わらないといけない。これからはＩｏＴ、ＡＩ、ロボット自動運転、スマートシティの時代になると言われている。当然、ワークスタイル、ライフスタイルも大きく変わるに違いない。東京のピカピカのビルは、その新時代に企画開発されたものではない。今後、新築ビルが次々に建てられる時代は来ないかもしれない。うまく時代に合うように改造する、改修する力がデベロッパーに求められる時代になるであろう。

都市のあり方、街の姿も変わる。それらの対応を忘れてはいけない。特に大事になるのが、デザインである。人々の目は、年々肥えてくる。感性価値も重要である。これらの大規模開発がさらに時代の変化に対応して、そこから世界を動かす人材・企業が育ってくれば、名実ともに世界一のオフィス都市になるであろう。

日本は、世界よりも早く質の高いものを完成させたが、それに満足してしまい、新時代に対応できずにガラパゴスと言われるようになった。今度は、その轍を踏まないでほしい。

おわりに

だらだらと長い文章を読んでいただきありがとう。読みながら感じた方も多いと思うが、私も何となく方法論が見えてきた。不動産開発は一に立地、二に経済状況のタイミングであるのは変わらない事実だと考える。どちらも、自力解決が難しい課題である。残念ながら、計画づくり、施設の運営方法は三番目と四番目になる。立地とタイミングさえ合えば、どんな計画でも開発事業は成立してしまう。長期にわたる大規模開発では、タイミングを合わせることは難しく、運によることも多い。ただ、長期を前提にしている事業であれば、そして良い計画であれば、時を待てば成功に導くことは可能である。そんな計画づくりを心がけてきたので、計画の方法論は好きではなかった。

地域価値を上げるという目標・基本方針は維持しながらも、時代・状況の変化にフットワークで対応し、試行錯誤しながら目的に達する努力をしてきたように思う。ただ、今回時系列にプロジェクトの軌跡を並べてみると、何となく地域価値を上げる共通の方法論が見えてきたような気がしたのである。

まずは、理念が重要である。何のために会社があるのか、何のために都市開発事業を行うのか、変わらぬ考えが欠かせない。

次に、コンセプトが大事になる。まず地域の立地条件、そのポテンシャルの可能性を十分に検討したうえで、どのような開発をするのか、どのような地域に変えたいのか、関係者の共通の目標を設定する必要がある、どうしたら良いか行き詰まったとき、選択に迷ったときに立ち返る言葉である。

コンセプトを考えるのは、1人ではなかなかできないことが多い。コラボレーションが欠かせない。関係者が集まってああだこうだ議論することから生まれてくることが多い。関係者を上下関係なく巻き込み、皆が当事者意識を持つことが重要と考える。まずは仮説としてコンセプトを設定し、その可能性を様々な角度から検証する。だめなら前に戻ってやり直せば良い。その繰り返しから、これはというものが生まれてくるはずである。ただし、皆が賛成だからとして決めるとユニークなコンセプトにならないことは頭に入れておくべきであろう。

次に、イノベーションを生み出すことである。コンセプトを実現するイノベーションは今までにないものやサービスを生み出し、それが消費者のニーズに応えられないといけない。加えて、街づくりの分野では、地域のニーズにも応え、地域価値を向上することが期待されている。それゆえ、特筆されるイノベーションが求められる。

能力なり技術の優秀な人材を集め、しかも彼ら同士が考え方、趣向、技術は異なっているがお互いにリスペクトされる存在でないと良い結果は出ないような気がする。地域価値を本当に向上させるためには、卓越したイノベーションが必要なことだけは間違いない。経済学者のヨーゼフ・シュンペーター[注1]は、新結合がイノベーションを生むと言っている。今までの通念や常識を取り払えば、様々な新結合が考えられるはずだ。それぞれの立場で、まずぶつけ合うことから始めるべきであろう。それをうまく結合できれば、何かが生まれるはずである。

このイノベーションの案を実行計画に落とすときには、障害が次々と出てくる。今までとは違う案だからこそ、地域価値を上げる可能性がある。当然、今までのやり方、慣習、法規を逸脱することも多い。守るべき法規、乗り越えられる慣習、やり方を峻別して実行計画を立てることになる。乗り越える手段が当初からわかることは少ない。多くは実行しながら乗り越えていくことになる。その判断が難しい。

注1　ヨーゼフ・シュンペーター
1883年〜1950年。経済学者。イノベーション（革新）が経済を変動させるという理論を構築した。市場経済は、イノベーションによって不断に変化しており、イノベーションがなければ、経済成長が止まるとし、企業家の役目に注目した。

最後にビジネス化計画を立てることになる。その時期は立地によって大きく異なる。化け物のような巨大都市東京の都心部では、イノベーションのほうが重要であり、ビジネス化計画は後でよい。優れたイノベーション案が出来れば、需要は後からついてくるとも言える。それに対して、地方都市の場合には、絶対需要が少ないので当初からビジネス化計画をイメージすべきであろう。ただし、一時流行った「身の丈再開発」という言葉を最初から使うのは好ましくないと思う。「身の丈再開発」の考え方では、地域価値の向上やイノベーション案を考えなくなり、現状依存の完全な補助金頼りになりがちである。もちろん、事業である限り、結果としては身の丈でなければ成り立たなくなる。極端に言えば、六本木ヒルズも「身の丈再開発」である。

さらに欠かせないのが、完成後の運営計画である。運営がビジネスになりうるかが事業の持続性に関わることになる。この面も十分に検討して答えを見出さないと始められない。ここでもイノベーションが必要になると言える。もちろん、運営については、動きだしてから消費者の趣向に合わせないとビジネスにならないことが多い。消費者目線で考えることが大切である。ただイノベーションとは、消費者の需要や趣向を変えること、気がつかなかった消費者のニーズを掘り起こすことでもある。ライフスタイルやワークスタイルが変わりそうな今日、地方でも消費者のニーズが大きく変わる可能性があることを頭に入れておくべきであろう。

理念を除いてこれらの六つの項目が順番通りに進むことは少ない。実際には行ったり来たり、紆余曲折しながら螺旋状に前進せざるを得ない。結局はフットワークで対応せざるを得ないと思う。様々なプロジェクトのジョブトレーニングから少しずつ学ばざるを得ない代物かもしれない。

ただ、ここで整理したことは、プロジェクトを遂行するうえで何らかの役に立つと期待している。プロジェクトに夢中に取り組んでいると、今何をしているのか見えなくなるときが来る。そんなときに振り返り、参考になればと願っている。私は現役を引退したので実際には使えないが、現役でチャンスがある人はぜひ試してみてほしい。そして、感想、批判を寄せてほしい。私もまだまだ勉強したいのでお願いしたい。

追記

私がこの本の原稿を書き終えたのは、２０２０年の1月末頃であった。第10章に景気後退の心配について書いたが、その後、想像を絶する経済以外の分野からの危機が起きてしまった。コロナウィルスという感染症のパンデミックである。世界的に蔓延し、世界の人とモノの動きが止まってしまうという未曾有の事態が起こり、対処方法・治療方法が確立されておらず、いつ終息するかわからないのが現況である。もちろん、この本が出版される頃には終息の目途が立っていることを期待したいが、どちらにしてもオリンピックの延期に代表されるように、6カ月以上にわたり世界の人とモノの動きが止まってしまうことは、経済に相当の大打撃を与えることは間違いない。

とても第10章で書いた対応では克服できないだろう。不動産、貸しビルの概念を変えるくらいのイノベーションが必要になるであろう。森親子を超えるイノベーターが現れるのを待たないといけないかもしれない。そういう人材にとってこの本が刺激になればと願っている。日本はオイルショック、極端な円高、バブル崩壊という危機のときに様々な改革を行い、それらを克服してきた。今回も克服できないとは信じがたい。

最後に、この本の出版に協力いただいた方々にお礼を言いたい。

まずは学芸出版社の社長、前田裕資様。社長自ら何も知らない私に適切なアドバイスをくださった。そして、私の原稿のリライトをまとめてくれた「まちライブラリー」の提唱者、礒井純充さん、実際にリライトをしてくれたライターの安木由美子さん、図版を書いてくれた建築家の榊法明さん。この方々のコラボレーションがこの本をつくり上げてくれた。さらには、慣れない私のタイピングを補ってくれた森ビル都市企画の秘書、山本聖子さん。私の元原稿を読んでくれて、これを社内向けにしておくのはもったいない、出版すべきだとアドバイスしてくれた旧友の元東京大学教授で景観工学の権威、篠原修先生。この話を出版社につなげてくれた元龍谷大学教授の矢作弘先生。この本への登場を許してくださった建築家の谷口吉生先生、安藤忠雄先生。特に安藤先生は私の病気のことを心配し、たびたび励ましてくださった。感謝、感激である。

加えて、忘れてはならないのが森佳子森美術館理事長である。美術館の勉強とネットワークづくりのため、海外・国内視察のほとんどに同行させていただいた。気が利かない私を嫌がらず同行させてくださり、本当に感謝している。その後、現代美術の勉強をされ、20年以上にわたり、森美術館の理事長を務め、アジアで欠くことができない現代美術の擁護者になっている。そのような多忙ななかで私の長い原稿を読んで、孫や社員の勉強になると励ましてくれた。森洋子先生は、森敬先生の妻で、ブリューゲルの大研究家であるが、森ビルの歴史を知りたくて私の背中を押してくれた。その娘さんの森飛鳥さんは、森ビルの住宅事業部の仕事が忙しいのにもかかわらず、事実関係の誤りや表現の適正化などについてご指摘いただいた。

もちろん、私にこのような貴重な経験の機会を与えてくれた故森泰吉郎社長、故森稔会長にも感謝したい。私1人でこのように多くのプロジェクトができたわけでない。協力して一緒につくりあげた森ビルの社員の方々、また年上でありながら私を友人として扱い、相談相手になってくれた小林善勝さんにもお礼を申し上げる。特に私の家内の献身的サポートにはどう感謝してよいかわからないほどであった。

改めて、多くの方々にお礼を言いたい。

２０２０年４月吉日

隠居部屋として最近新築した「離れ」の書斎にて　山本　和彦

付録

1950 55 56 57 58 59 1960 61 62 63 64 65 66 67 68 69 1970 71 72 73 74 75 76 77 78 79 1980 81 82 83 84 85 86

森ビル

- 55　森不動産設立
- 57　第2森ビル、第1森ビル竣工
- 59　森ビル株式会社設立、第3森ビル竣工
- 67　アークヒルズ地区で最初の土地購入
- 74　山本森ビル入社
- 78　ラフォーレ原宿、仙石山アネックス竣工
- 79　虎ノ門34森ビル竣工
- 81　虎ノ門35森ビル竣工、36、37森ビル竣工（一団地申請）
- 83　メソニック38、39森ビル、赤坂ツインタワー竣工
- 85　アークヒルズテレビ朝日棟稼働
- 86　アークヒルズ竣工

都市・建築関係

- 建築基準法施行（31mの高さ規制）
- 特定街区制度
- 容積地区制度、区分所有法施行
- 霞が関ビル竣工、都市計画法全面改正
- 都市再開発法施行
- 建築基準法大改正、容積制へ全面移行

社会

- 58　東京タワー完成
- 64　東京オリンピック
- 1970　大阪万博
- 73　第1次オイルショック
- 79　第2次オイルショック
- 85　プラザ合意

1950 55 56 57 58 59 1960 61 62 63 64 65 66 67 68 69 1970 71 72 73 74 75 76 77 78 79 1980 81 82 83 84 85 86

87		地価高騰、投機的土地取引増大	
88			
89		立体道路制度創設	日経平均株価最高値、ベルリンの壁崩壊、天安門事件
1990	御殿山ヒルズ竣工	不動産融資総量規制	バブル崩壊
91	城山ヒルズ竣工		
92	ATT新館竣工		
93	六本木ファーストビル竣工、大連森ビル完成		
94			
95			阪神・淡路大震災、オウムサリン事件
96			
97			
98	上海森ビル完成（現HSBCタワー）		
99	森稔アーバン・ニューディール政策発表（経済戦略会議委員）		森内閣発足
2000			
01	愛宕グリーンヒルズ竣工	不動産投資信託（J-REIT）上場	アメリカ同時テロ、小泉改革と都市再生
02	元麻布ヒルズ竣工	都市再生特別措置法施行、丸ビル建替え	
03	六本木ヒルズ竣工		
04			
05		国土形成計画法施行	
06	表参道ヒルズ竣工		
07		東京ミッドタウン竣工	
08	上海環球金融中心竣工（101階建）		リーマンショック
09	平河町森タワー竣工、環状2号線III街区特定建築者に選定		
2010			
11			東日本大震災
12	アークヒルズ仙石山森タワー竣工		第2次安倍政権発足
13	アークヒルズサウスタワー竣工	国家戦略特別区域法施行	
14	虎ノ門ヒルズ森タワー竣工	立体道路制度大幅拡充	
15			
16			
17	GINZA SIX竣工		
18			
19			
2020	虎ノ門ヒルズビジネスタワー竣工、山本死去		コロナショック

付表　本書に登場する主要プロジェクト年表

付図1　本書に登場する主要プロジェクト位置図（ベース地図出典：国土地理院地図ウェブサイト）

新宿御苑
四ツ谷
代々木駅
原宿駅
ラフォーレ原宿
表参道ヒルズ
赤
南青山
六本木ヒルズ
白金
三田43森ビル
高輪
品川駅
御殿山ヒルズ
北品川駅
大崎駅
0
500m

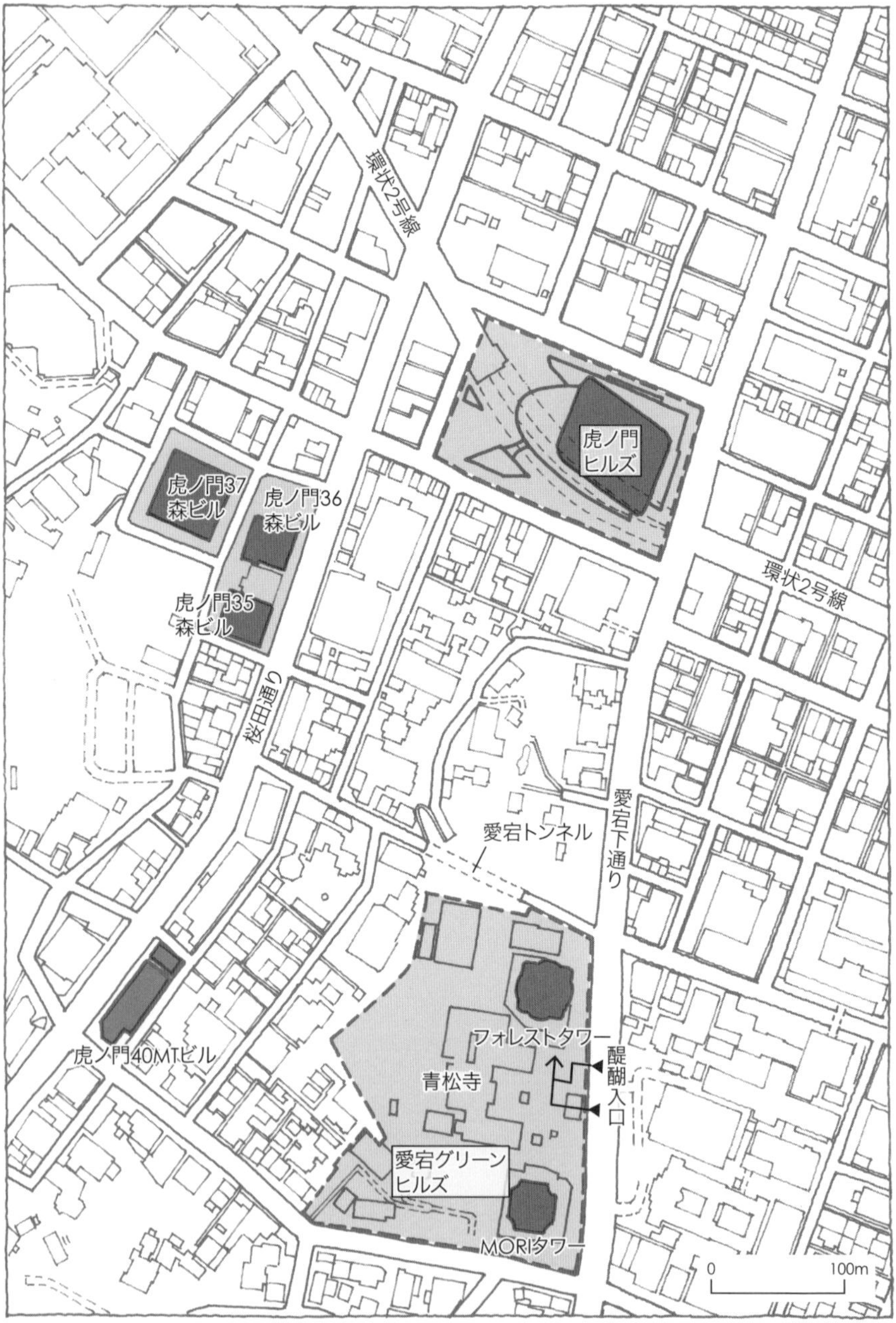

付図２　虎ノ門〜愛宕山付近プロジェクト配置図（出典：国土地理院地図を元に作成）
（薄いアミは敷地、濃いアミは建物）

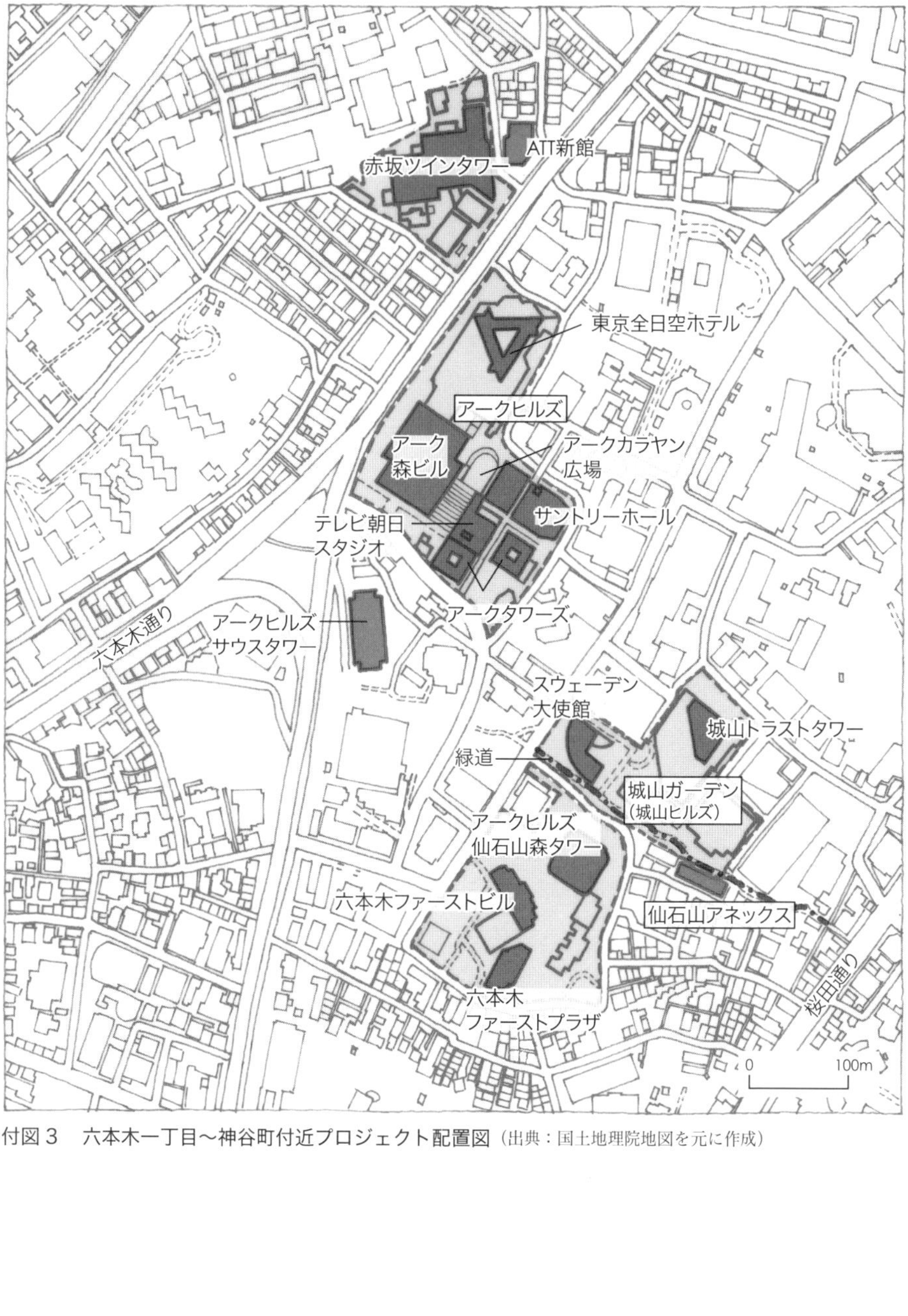

付図３　六本木一丁目〜神谷町付近プロジェクト配置図（出典：国土地理院地図を元に作成）

山本　和彦（やまもと　かずひこ）
1946年生まれ
1969年京都大学工学部建築学科卒業
1969年4月日本住宅公団（現 都市基盤整備公団）入社
1974年7月森ビル株式会社入社
1983年6月森ビル開発株式会社取締役就任
1987年7月同社常務取締役就任
2003年6月森ビル株式会社副社長就任
2013年6月同退任、森ビル都市企画株式会社代表取締役社長就任
2018年6月同退任
2020年5月1日死去
不動産協会都市政策委員長、再開発コーディネーター協会副会長
ULI（アーバンランドインスティテュート）日本委員会会長
筑波大学客員教授、東京都市大学客員教授を歴任
公益社団法人　日本カヌー連盟副会長

※印付きの図写真は森ビル株式会社提供

地域価値を上げる都市開発
東京のイノベーション

2020年11月10日　第1版第1刷発行
2022年4月20日　第1版第2刷発行

著者　山本　和彦
発行者　井口夏実
発行所　株式会社学芸出版社
京都市下京区木津屋橋通西洞院東入
〒600-8216
電話 075-343-0811
http://www.gakugei-pub.jp/
mail info@gakugei-pub.jp

編集担当　前田裕資
印刷・製本　イチダ写真製版／新生製本
DTP　梁川智子
装丁　赤井祐輔（paragram）

Printed in Japan
ISBN978-4-7615-2754-9